露天煤矿开采扰动效应

杨汉宏　张铁毅　张　勇　翟正江　编著

U0299391

煤炭工业出版社

·北　京·

内 容 提 要

　　本书系统介绍了露天煤矿开采扰动效应的概念及内涵，首次提出了"露天煤矿开采扰动指数"这一基本概念，构建了评价指标体系和评价模型，并对国内几个大型、特大型露天煤矿的开采扰动效应进行了评价，在定量化科学评价露天煤矿开采扰动效应方面做出了尝试。

　　本书可作为从事露天煤矿生产、管理、科研、设计工作的工程技术人员的学习用书，也可供高等院校有关专业师生阅读参考。

前　　言

　　现阶段，中国煤炭行业仍然面临着煤炭产能过剩严重、煤炭经济运行形势严峻的问题，也面临着经济中高速增长常态化、能源需求强度下降、能源结构低碳化发展、环境对煤炭开发和利用的制约不断增强等不利因素。在提倡能源结构调整、企业节能降耗和转型升级的大背景下，绿色低碳已经成为当今社会发展的必然趋势，建设绿色矿山已经成为矿山企业实现全面协调可持续发展的基本前提，是矿山企业实现生态文明的具体体现，是社会形态向高层次发展的必然要求。中国露天煤矿的开采已经有百年的历史，在矿山规模、开采技术、开采工艺及装备、管理方式和资源开发模式等方面都取得了丰硕的成果，部分领域已经达到或接近国际领先的水平。尤其经过近30年的探索和发展，根据矿山所在区域的环境和矿山的特点，创造性地建立了多种绿色矿山建设模式，如准格尔矿区的"黄土丘陵区的生态产业建设"、平朔矿区的"废弃土地复垦与可持续利用模式"、伊敏矿区的"植被复垦绿化示范区建设"等，在废弃土地复垦和绿色矿山建设等方面取得了一定的成效。但露天开采的自身特点决定了露天煤矿开采过程中及闭坑以后必然伴随产生一系列的环境与生态问题，如露天煤矿采掘场与排土场等对土地的挖损或压占、对地表水的污染或破坏、对地下水流场平衡的改变或破坏、对大气环境的污染以及产生的噪声污染等。随着露天煤矿规模的不断扩大、社会化外包模式的不断推广、降本增效压力的逐渐增大等，这些外部因素在一定程度上加剧了露天煤矿开采过程中生态与环境问题的显现程度。鉴于此，国内外广大学者提出了"绿色开采"的基本理念和基本技术框架。

　　绿色开采旨在达到露天煤矿大规模开采的同时，将采矿对外部要素的破坏程度降到最低，实现露天开采与外部要素的协调统一。露天开采对矿区及周围的地表、大气、水环境、生态环境等外部要素的影响程度，受矿山所在地区的环境容量、生态环境承载力、矿山开采规模、资源赋存条件、开采技术水平和生产管理水平等方面影响较大。因此，深入研究露天煤矿的开采过程对外部要素的扰动程度，尤其是进行定量化的研究，已经成为"新常态"下引导露天矿山企业适应外部环境约束、建设绿色矿山、实现全面协调可持续发展的重要理论和技术基础。

　　科学引导露天矿山企业适应外部环境约束，实现全面协调可持续发展，需要把这一全新的发展和管理理念变为现实的管理模式，使其具有可操作性，并融入到矿山开发和管理工作中。人们必须能够对露天煤矿开采过程与外部要素之间的相互影响程度及状态实施度量，清楚了解某一露天煤矿开采过程对外部要素产生的扰动程度所处的水平，距离同行业先进水平以及本矿山的管理目标还有多远，现行的或正在制定的政策、措施是否有利于提升本矿在同行业之中的水平，是否有利于目标的实现。只有这样，决策者才可能设定具体的、客观的发展和管理目标，对露天煤矿开采过程进行适时的监控和动态的优化调整，把露天煤矿开采对外部要素的影响调整或保持在合适的轨道上，以"绿色开采"的视角规划露天煤矿的开采方式和发展战略，引导矿山向着生态可持续的模式发展。因此，露天煤矿开采扰动效应问题的定量化研究，对于现阶段以及相当长的一段时间内露天煤矿的节能降耗、绿色低碳以及矿山可持续发展等都有着十分重要的意义。

　　本书正是在这一背景下，基于"绿色开采"的基本理念，运用系统工程学、运筹学、采矿学、能源动力学、环境科学和生态经济学等理论，首次提出了"露天煤矿开采扰动指数"这一基本概念，尝试实现定量化科学评价露天煤矿开采扰动效应的强弱，研究露天煤矿开采扰动效应评价指标体系的构建方法及原则，构建露天煤矿开采扰动效应评价指标体系，建立露天煤矿开采扰动效应综合评价模型，对国内重点大型、特大型露天煤矿进行实证研究。

本书各章节编写人员如下：第 1 章为王忠鑫、林淋、乔治春；第 2 章为杨汉宏、王金金、张铁毅、张勇；第 3 章、第 4 章为杨汉宏、王忠鑫、翟正江；第 5 章为王忠鑫、王金金、张勇、王桂林；第 6 章为王金金、王卫卫、张铁毅、张勇、翟正江；第 7 章为杨汉宏、王忠鑫、王金金、王桂林；附录为王卫卫。全书由杨汉宏统稿、审定。

在项目研究和书稿编写过程中，得到了神华准能集团有限责任公司、中煤科工集团沈阳设计研究院有限公司、中国矿业大学（北京）及中国煤炭工业协会等单位的支持和帮助，王家臣教授、陈忠辉教授、张克树教授级高工、朱建新教授级高工等专家在项目研究过程中给予了无私的指导，在此一并表示衷心的感谢。

由于作者的水平有限，有些研究工作还在继续深入进行，书中难免存在问题和谬误之处，敬请读者批评指正。

作 者

2017 年 6 月

目　　次

1 概论 ·· 1

　1.1 露天开采基本知识 ······························· 1

　1.2 中国主要露天煤矿的地区分布 ················· 14

　1.3 露天煤矿开采的生态与环境问题研究概况 ······· 25

　1.4 露天煤矿开采扰动效应研究的内容及意义 ······· 30

2 露天煤矿绿色开采技术基础 ························· 33

　2.1 相邻露天煤矿协调开采技术 ····················· 33

　2.2 陡帮开采技术 ································· 36

　2.3 内排土场增高扩容技术 ························· 41

　2.4 控制开采技术 ································· 42

　2.5 端帮靠帮开采技术 ····························· 44

　2.6 内排搭桥技术 ································· 46

　2.7 露天煤矿采复一体化技术 ······················· 49

　2.8 开采工艺及装备技术 ··························· 51

3 露天煤矿开采扰动效应概述 ························· 54

　3.1 露天煤矿开采扰动效应概念 ····················· 54

　3.2 露天煤矿开采扰动效应特征 ····················· 54

　3.3 露天煤矿开采扰动效应的影响因素 ··············· 56

4 露天煤矿开采扰动指数 ····························· 57

　4.1 露天煤矿开采扰动指数定义 ····················· 57

　4.2 露天煤矿开采扰动指数特征 ····················· 57

　4.3 露天煤矿开采扰动指数基本框架 ················· 58

　4.4 指标基础理论 ································· 64

　4.5 指标内涵及算法 ······························· 70

5　露天煤矿开采扰动效应评价模型·· 88

　5.1　指标正向化·· 88

　5.2　指标无量纲化··· 88

　5.3　指标权重··· 90

　5.4　露天煤矿开采扰动指数综合合成··· 98

　5.5　露天煤矿开采扰动效应评价标准··· 98

6　中国典型露天煤矿开采扰动效应·· 99

　6.1　开采扰动效应评价指标计算概述··· 99

　6.2　中国典型露天煤矿 2006—2015 年扰动频现指标演化轨迹········ 100

　6.3　中国典型露天煤矿 2006—2015 年扰动补偿指标演化轨迹········ 120

　6.4　中国典型露天煤矿 2006—2015 年开采扰动指数················· 132

　6.5　2006—2015 年开采扰动效应反演分析··································· 135

7　发展前景与工作展望··· 138

　7.1　露天煤矿开采扰动效应理论发展前景·· 138

　7.2　今后的工作展望··· 138

附录　准格尔矿区黑、哈露天煤矿 2005—2016 年数据影像图 ·········· 140

参考文献·· 152

1　概　　论

1.1　露天开采基本知识

1.1.1　露天开采概述

人们通过长期的实践和探索，主要利用露天开采和地下开采两种方法来开采不同埋深的煤炭资源。露天开采是指在一定范围内的敞露空间里，将覆盖在煤层上部的表土及岩石剥除掉，把煤炭开采出来的过程。它是先将覆盖在煤层之上的表土和岩石全部清除，露出煤层，再进行采掘工作的一种开采方法。开采水平或缓倾斜矿床时，必须把覆盖在煤层顶板之上的剥离物（表土和岩石）剥离掉，煤层底板无须处理。开采倾斜矿床时，只从煤层顶板剥离岩石，底板边帮可不进行剥离。开采急倾斜矿床时，必须从顶、底板同时剥离表土和岩石。

露天煤矿在开采过程中，必须将境界内的矿岩划分成一定厚度的水平或倾斜分层，以便自上而下逐层开采，这些阶梯状的工作面称为台阶，一个台阶的开采使其下面的台阶被揭露出来，当揭露面积足够大时，就可以开始下一个台阶的开采。随着开采的进行，采场不断向下延伸和向外扩展，直至推进到设计的最终开采境界，该过程称为露天矿山工程的发展程序，如图 1 - 1 所示。

露天开采过程主要包括穿孔爆破、采装、运输、排土、卸煤和辅助生产等环节，上述环节一般是依次进行的。

穿孔爆破是为了给采掘设备提供有利的作业条件，对一些坚硬（或低温使其坚硬）的岩石、松散层和煤层进行穿孔和爆破作业，对于某些土岩需进行防冻和犁松等准备过程。

采装环节是指用采掘设备将剥离物或煤铲挖并装入运输设备的生产过程。在倒堆开采工艺过程中，只有"铲挖"没有"装载"过程，剥离物直接卸入内排土场。

运输环节是指将采出的剥离物和煤按分类和用途不同分别运到不同的卸载点，即将剥离物运至排土场，煤运至转载点、破碎站、储煤场、选煤厂或装车站等原煤储运系统节点。在倒堆开采工艺中，剥离物运输环节是由采掘设备完成的，所以倒堆开采工艺也被称为无运输倒堆开采工艺。

排土是指将剥离物有计划地按一定的程序排弃在排土场指定位置的过程。

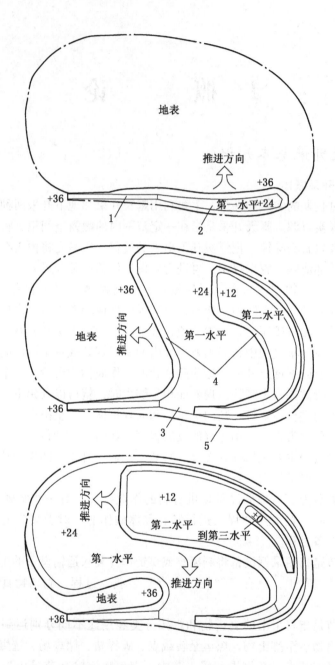

1—出入沟；2—开段沟；3—缓坡段；4—台阶；5—地表境界

图 1-1　露天矿山工程发展程序

卸煤是指将煤运至指定卸载点（一般为煤破碎站、储煤场等地点）的过程。

辅助生产过程指为了保障露天矿各生产环节正常运行而需要配套进行的其他辅助工作，主要包括设备维修、供配电、疏干及防排水、生产地质勘探、工作面平整、线路修筑、线路移设和维护、滑坡清理及防治等。

1.1.2　露天开采基本概念

1. 煤田

在地质历史发展过程中，同一地质时期形成并大致连续发育的含煤岩系分布区域称为煤田。煤田大多表现为盆地形态，故又称为煤盆地。煤田范围很大，面积可达数百到数千平方公里，储量达数亿到上千亿吨。如新疆准东煤田东西长约200 km，2005 年被勘探确认预测储量 390000 Mt，累计探明煤炭资源储量 213600 Mt，是我国目前最大的整装煤田。对于利用地质构造、自然条件、煤田沉积的不连续或按勘探时期的先后命名的煤田，其煤田的含义已经改变，不是本书定义的煤田。

我国现已查明的适宜露天开采的煤田，广泛分布于内蒙古、新疆、山西、陕西、辽宁、黑龙江、河南、宁夏、云南等地区，多为边疆地区，赋存条件差异较大。中国主要露天煤田的地区位置、地质储量、基本赋存特征等见表 1-1。

表 1-1　中国主要露天煤田的地区位置、地质储量、基本赋存特征表

序号	煤田名称	地区位置	煤田面积/km²	地质储量/Mt	煤层平均厚度/m	主采煤层层数	煤层倾角/(°)	覆盖层厚/m	平均剥采比/(m³·t⁻¹)
1	准格尔	内蒙古准格尔旗	1022	25900	33.6	3	5~10	40~180	5.81
2	东胜	内蒙古东胜	3481	92770	17.7	3	1~2	23~60	2~5
3	胜利	内蒙古锡林浩特	66.9	15800	34.2	5	3~4	0~200	2.5
4	白音华	内蒙古西乌旗	510	14069	69.6	8	0~10	65~200	4.39
5	元宝山	内蒙古赤峰市	10.2	493.2	76.7	24	3~14	30~350	5.4
6	平庄	内蒙古赤峰市	3.0	49.1	32.8	3~6	10~20	50~260	5~8
7	霍林河	内蒙古通辽市	54.4	4216.5	38.9	9	5~15	5~250	3.22
8	宝日希勒	内蒙古海拉尔	77.5	2249.7	53.2	8	3~6	20~100	3.87
9	伊敏河	内蒙古海拉尔	100	2759.6	47.2	7	4~15	10~400	3.13
10	扎赉诺尔	内蒙古满洲里	7.1	125.9	33.7	5	3~9	10~70	2
11	平朔	山西省朔州市	380	127.5	30	5	4~10	30~170	5.13
12	海州	辽宁省阜新市	7.0	363.6	82	7~8	16~24	50~70	6.9
13	抚顺	辽宁省抚顺市	13.2	347.5	80	1	29~41	60~250	5.1

表 1-1（续）

序号	煤田名称	地区位置	煤田面积/km²	地质储量/Mt	煤层平均厚度/m	主采煤层层数	煤层倾角/(°)	覆盖层厚/m	平均剥采比/(m³·t⁻¹)
14	三道岭	新疆哈密市	10.2	225.4	17	1~2	6~20	20~50	2~3
15	五彩湾	新疆乌鲁木齐	22.6	1700	62.5	1	24	100	3~5
16	义马	河南义马	2.4	50.5	20	2~3	8~10	30~50	4~5
17	大峰	宁夏石嘴山市	3.78	10.17	23.3	1~2	5~24	0~50	4.16
18	河保偏	山西忻州	4.83	201	34.7	1~6	5~10	100~170	4~6
19	昭通	云南省昭通市	300	12592	55	1~5	3~10	1~200	1.6
20	小龙潭	云南省小龙潭	0.84	70.3	70	1~3	8~20	50~150	0.84
21	先锋	云南省昆明市	3.96	192.4	57.1	2	3~10	1~200	1~2
22	公乌素	内蒙古乌海市	6.8	102	15	6	15~20	0~110	2~4
23	长坡	云南省楚雄市	24	137	2~7	3	3~5	30~130	1~3

2. 矿区

统一规划和开发的煤田或其一部分称为矿区。根据国家经济发展的需要和行政区域的划分，利用地质构造、自然条件或煤田沉积的不连续，或按勘探时期的先后，往往将一个大煤田划分为几个矿区来开发，比较小的煤田也可作为一个矿区来开发，也有一个大矿区开发几个小煤田的情况。

一般来说，一个矿区由很多个矿井或露天煤矿组成，以便有计划、有步骤、合理地开发整个矿区。为了配合矿区内矿井或露天矿的建设和生产，还要建设一系列的地面运输、电力供应、通信调度、生产管理及生活服务等设施。因此，矿区开发之前应先进行周密的规划和可行性研究，编制矿区总体规划，作为矿区开发和矿井建设的依据和指导性文件。

矿区的范围常视矿床的规模而定，如准格尔矿区位于内蒙古自治区鄂尔多斯市准格尔旗东部，矿区东西宽 21 km，南北长 65 km，面积约 1022 km²，区内共有 4 座露天煤矿，分别为黑岱沟露天煤矿、哈尔乌素露天煤矿、长滩露天煤矿、罐子沟（魏家峁）露天煤矿。影响矿区开发的自然因素主要包括矿床赋存的形态和空间分布、资源储量、煤质、地质构造复杂程度、水文地质条件、工程地质条件、矿区地形地物及气候条件等。影响矿区开发的地区技术经济因素主要有水、电、交通运输、材料设备供应、劳动力来源及社会协作能力等。

3. 矿田

划归一个露天煤矿或矿井开采的那部分煤田称为矿田或井田。露天矿田是一个由平面尺寸和深度表示的几何体（单指露天采场）。露天矿田的范围一般还包括外排土场、工业场地和其他生产设施占地范围等。矿田一般为矿区的一部分，如黑岱沟露天矿田为准格尔矿区的一部分，是规划的4座露天煤矿之一。黑岱沟露天煤矿于2011年取得国土资源部批复的采矿权许可证，矿区范围为50.3 km²，其生产规模为34.0 Mt/a。

4. 开采境界

要对一个露天矿田内的煤炭（或其他资源）进行开发，首先必须确定开采边界。由于受到技术条件和经济条件等方面的约束，一般只有一部分地质储量的露天开采是技术上可行且经济上合理的，这部分储量称为可采储量。圈定可采储量的三维几何体称为最终开采境界，它是预计的在矿山开采结束时的采场空间轮廓，如图1-2所示。露天矿分期和分区开采时还涉及分期境界和分区境界。

图1-2　露天煤矿最终开采境界

考虑到随着时间的推移，行业政策、市场形势、经济水平、技术发展水平以及装备技术水平等都会发生显著甚至巨大的变化，如果采用当前的经济指标来确定几十年甚至上百年之后的露天煤矿开采境界显然是不合理的，即便是当前的计算精度很高、优化理论和方法很先进，也是徒劳无益的。因此，露天煤矿的开采境界应该是随着时间的推移在不断地调整变动的，一成不变的境界在现实中是不存在的，这就是露天煤矿境界的"动态发展观"。在露天煤矿开发之初，大体圈定一个境界作为最终开采境界，把注意力主要放在圈定的首采区范围内，在首采区开采的过程中再根据露天采矿工程发展需要和技术经济发展水平，有计划地进行露天煤矿中长期发展规划研究，适时调整露天煤矿的最终开采境界，这也是建议露天煤矿的首采区服务年限不宜太短的原因之一。

　　开采境界由地表境界、底部境界和边帮组成，如图1-3所示。地表境界指采场最终边帮与地表轮廓的交线。底部境界也称坑底或采场底，一般呈水平或阶梯状，对于水平、近水平或缓倾斜煤层的露天煤矿而言，一般为最下部可采煤层的底板。露天煤矿地表境界和底部境界确定后，四周形成的由若干台阶坡面和平台组成的且总体为倾斜的复合坡面称为露天煤矿采场边帮，边帮与水平面的夹角称为最终帮坡角（γ）。

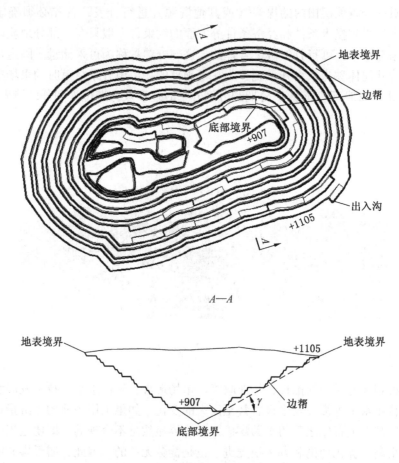

图1-3　露天煤矿开采境界组成要素

　　露天开采的过程是一个使矿区内原始地貌连续发生变化的过程，是大规模土石方空间移运的过程。随着开采的进行，或是山体消失，或是形成深度和广度不断增加的采坑（即采场）。采场的边坡必须能够在一定的时间内保持相对稳定，为满足边坡稳定性要求，最终帮坡角不能超过某一最大值，即露天煤矿最终帮的极限帮坡角。最终帮坡角对最终境界形态的约束是确定最终境界时需要考虑的几何约束。

露天开采境界的大小决定了露天煤矿剥离量和采出煤量的多少，关系着露天煤矿的生产能力和经济效益，并影响着露天煤矿开采程序和开拓运输。因此，合理确定露天煤矿开采境界是露天煤矿设计的首要任务之一。对于煤层等层状矿床而言，露天开采境界一般是露天开采与井工开采的界线或是煤层可采与不可采的界线。从经济角度而言，露天开采境界的设计目标是要圈定一个使整个矿床的开采效益最大化的露天采场边界面，即最优露天开采境界。

5. 剥采比

露天煤矿某个特定区域内或特定时期内，剥离量与煤量的比值称为剥采比。剥采比一般用 n 表示，常用的单位为 m^3/m^3、m^3/t 或 t/t，露天煤矿的剥采比单位一般选用 m^3/t。在露天开采设计和生产过程中，常用不同含义的剥采比来表达不同的开采空间或开采时间的剥采关系及其限度，露天煤矿常用的几种剥采比主要有平均剥采比、生产剥采比、境界剥采比、经济合理剥采比等。

平均剥采比指露天煤矿境界范围内的剥离物总量与原煤总量的比值。平均剥采比反映露天煤矿开采的总体经济效果，可作为露天开采境界优劣的评判指标。

生产剥采比指在一定的生产时期内从露天采场所采出的剥离物总量与原煤总量的比值。生产剥采比有多种衍生形式，可用来分析和反映露天煤矿生产中的剥采比关系，如年度生产剥采比、季度生产剥采比、月度生产剥采比等分别表示不同时间段内的生产剥采比情况。

境界剥采比指露天采场的开采境界扩大时，每增加一定的开采深度（或宽度）所增加的剥离量与原煤量的比值。从经济学角度而言，境界剥采比是一种边际值，也可称之为边际剥采比；从数学角度而言，境界剥采比是一种极限值。在露天煤矿境界圈定中，境界剥采比是一个非常重要的技术指标。

经济合理剥采比指在一定的技术经济条件下，露天开采在经济上合理的极限剥采比。它是由各种经济指标所确定的，是评价资源采用露天开采时经济性的重要依据。

6. 台阶

露天煤矿开采时，需要自上而下把煤岩划分成具有一定厚度的水平或倾斜分层，用独立的采掘、运输设备进行开采，各分层保持一定的超前关系，从而形成阶梯状，这些阶梯状的工作面称为台阶。台阶由以下要素构成：上部平盘、下部平盘、台阶坡面、坡顶线、坡底线、平盘宽度（W）、高度（H）、坡面角（α），如图 1-4 所示。

台阶坡顶面与坡底面之间的垂直距离称为台阶高度（图 1-4 中的 H）。台阶

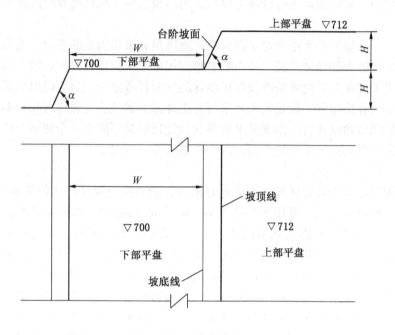

图 1-4　台阶构成要素示意图

高度是露天开采中最重要的几何参数之一。影响台阶高度的因素主要有生产规模、采掘设备规格、煤层赋存条件、台阶划分原则以及选采的要求等。

　　为了保证挖掘机挖掘时能够获得较高的满斗率，台阶高度应不小于挖掘机推压轴高度的 2/3。为了避免挖掘机挖掘过程中在台阶顶部形成伞沿，台阶高度一般应小于挖掘机的最大挖掘高度；如果为岩石台阶，考虑到松动爆破的沉降效应，岩石台阶高度一般应小于挖掘机最大挖掘高度的 1.2 倍。

　　在煤层结构复杂的露天煤矿，用户对产品煤质的要求较高，往往需要在采煤过程中加强对煤层的选采，减小矸石及顶底板岩石的混入，尽量提高煤质。随着露天煤矿采装设备日益大型化，复合薄煤层极不易分采分运，致使煤炭资源损失大，尤其对结构复杂的煤层，其顶底及夹矸的混入增多，煤炭品质降低，增加了煤炭的破碎及洗选成本。露天煤矿的煤炭损失与贫化已经成为制约露天煤矿、特别是煤层赋存复杂的露天煤矿经济效益的重要因素。

　　对于采用单斗挖掘机进行采煤的露天煤矿，由于一个台阶在垂直方向上基本是不易分采的，即使在台阶高度内煤矸分层数量较多，如果矸石厚度小于单斗挖掘机的最小开采厚度，就不可能在开采过程中将同一台阶高度上煤矸分离出来，由此所造成的矸石混入是不可避免的。可见台阶高度越大，选采的效果越差，因此对于选采要求较高的露天煤矿，应选取相对较低的采煤台阶高度，但如果采用露天采矿机、液压反铲等设备采煤时，该类设备可对同一台阶在垂直方向上分层开采以将煤矸分离，此时的采煤台阶高度可不受选采的影响。对于大型、特大型露天煤矿，剥离台阶高度一般大于 10 m，以 12～15 m 最为常见。由于采煤台阶高度受煤层厚度、设备规格和煤层结构等因素影响，各露天煤矿的差异性一般较大。

台阶坡面与水平面的夹角称为台阶坡面角（图 1－4 中的 α）。台阶坡面角主要受煤岩的物理力学性质、穿孔爆破方式、工作面推进方向和煤岩层理发育情况等因素的影响，其取值随岩体稳定性的增强而增大（最大不超过 90°）。确定台阶坡面角时一般需要进行岩体稳定性分析，或参照类似岩体稳定性条件的矿山类比选取。

台阶坡顶面和坡底面与台阶坡面的交线分别称为台阶的坡顶线和坡底线。一个台阶的坡底面水平同时又是其下一个台阶的坡顶面水平。一般根据台阶坡顶面水平的高低关系将台阶称为上部平盘（台阶）或下部平盘（台阶）。正在进行开采作业的台阶称为工作台阶或工作平盘，仅用于运输的台阶称为运输台阶或运输平盘。

从当前台阶的坡顶线到上部台阶的坡底线之间的平面距离称为台阶宽度或平盘宽度（图 1－4 中的 W）。保持一定的平盘宽度是保证上下台阶之间正常进行剥采工作的必要条件，平盘的最小宽度一般根据台阶高度、岩石性质、采掘设备、运输设备、其他设施及安全宽度等进行综合确定。

7. 开拓运输

露天煤矿开拓就是建立地面与露天采场内各工作水平以及各工作水平之间的运输通道。露天矿床开拓所涉及的对象是运输设备与运输通道，研究的内容是针对所选定的运输设备及运输形式，确定整个矿床开采过程中运输坑线的布置形式（即坑线的形式、位置和数量，平面形式及其固定性等特征），以建立起开发矿床所必需的运输线路。其意义是露天采场正常生产的运输联系和及时准备出新水平的有力保证，也是研究和解决开发矿床总体规划和矿山工程时空发展合理规划的重要问题。由此可见，露天开拓设计是露天开采设计中带有全局性的大问题，一方面受所圈定露天开采境界的影响，另一方面影响着基建工程量、基建投资和基建时间，影响着矿山生产能力、生产的可靠性与均衡性以及生产成本。开拓系统一旦形成，若再想改造，则会严重影响生产，造成很大的经济损失。因此，开拓方案设计是一项深入细致的工作。

开拓方案设计应从矿床赋存的自然条件出发，结合所选择的生产工艺系统以及矿床开采程序合理地选择开拓方案，使之能够确保设计的矿山建设速度，满足设计的产量和煤质要求，力争投产早、达产快、基建投资少、生产经营费用低。设计中应尽可能采用先进的技术设备，以提高生产可靠性与生产效率。

影响开拓运输方案的主要因素有矿床赋存的自然条件；开采技术条件，如露天开采境界的尺寸、生产能力、工艺设备类型、矿床开采程序、矿区总平面布局等；经济因素，如国家有关的技术经济政策、设备的供应条件、矿山建设速度及产量要求矿山开采年限等。

8. 开采程序

露天煤矿的开采程序是指在规定的开采境界内剥采工程在时间和空间上的发展变化方式。即首采区及拉沟位置、水平方向的扩展方式、垂直方向的降深方式以及工作帮推进等。影响开采程序选择的因素主要包括煤层赋存条件、露天采场的尺寸和几何形状、生产工艺系统、开拓方式、开拓沟道位置及工程发展方式等。

在露天开采过程中，为了适应工艺设备的作业要求，提高开采强度，将开采境界内的煤层、土岩划分成具有一定高度的台阶进行开采，各台阶的矿山工程包括掘沟、扩帮工程，通过台阶的掘沟实现矿山工程的延深，并建立运输联系和形成台阶工作线，然后以一定的采宽进行扩帮推进，完成台阶的全部矿山工程。掘沟和扩帮是露天矿山工程发展的主要方式。

露天煤矿首采区及初始拉沟位置的选择是露天煤矿设计中最重要的环节之一，其决策的合理性直接影响着露天煤矿的基建工程量、基建投资、投达产的时间和矿山生产的接续及均衡。首采区及拉沟位置的选择一般遵循以下原则：①先易后难、突出初期经济效益，选择煤层埋藏浅、生产剥采比小、基建工程量少的地段；②勘探程度高、煤质好；③易于划分采区，便于采区的衔接过渡，有利于后期矿山工程发展；④充分考虑矿田现状；⑤兼顾工业场地布置、外部联系方便、外排运距近、内排条件良好等因素。

台阶式开采是露天开采的主要特征，台阶的划分应利于发挥设备效率，提高采出原煤的质量和保证作业安全。台阶可按水平面和倾斜面划分，分别称为水平分层和倾斜分层。水平分层有利于采掘、运输设备作业，多采用此方式。在某些缓倾斜层状矿床露天开采时，为了便于选采，减少煤层顶底板岩石的混入和煤层损失，提高原煤质量，可采用倾斜分层开采。对于近水平或缓倾斜露天煤矿而言，一般是将采煤台阶及层间剥离台阶采用倾斜分层划分，煤层以上的上覆剥离台阶采用水平划分，如图1-5所示。

"出入沟—开段沟—扩帮"是露天煤矿剥采工程发展的一般程序，亦是台阶的一般开采程序。相邻台阶的工作线发展在空间上存在一定的制约关系。

露天煤矿通常以多个剥离台阶和采矿台阶进行开采，工作帮由一些开采台阶

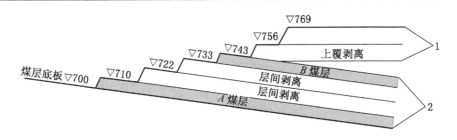

1—倾斜分层台阶；2—水平分层台阶

图 1-5　台阶划分方式

的坡面和平盘构成。工作帮形态决定于组成工作帮的各台阶之间的相互位置，即决定于台阶高度、平盘宽度等开采参数，通常可用工作帮坡角（图 1-6 中的 γ）的大小来表示。工作帮坡角为通过工作帮最上一个台阶坡顶线和最下一个台阶坡底线的平面与水平面的夹角，如图 1-6 所示。

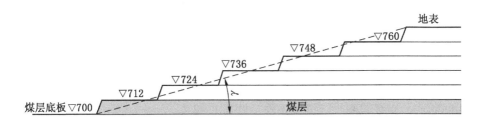

图 1-6　工作帮坡角

工作帮的推进方向与矿山工程的起始位置及工作线布置方向有关，即与各台阶的开段沟位置有关。当工作线沿煤层走向布置时，工作帮一般沿煤层倾向推进，如图 1-7 所示。当工作线沿煤层倾向布置时，工作帮一般沿煤层走向推进，如图 1-8 所示。

9. 开采工艺

露天煤矿开采工艺是指利用一定的设备、遵照一定的程序把矿产资源从地壳中开采出来的方法或技术。露天开采工艺根据开采对象的不同可分为剥离工艺和采煤工艺，同一露天矿的剥离工艺和采煤工艺可以相同，也可以不同。

剥离工艺是指完成移除覆盖于煤层之上的表土和岩石所采用的方法或技术。采煤工艺是指把埋藏于地表或地表一定深度范围内的煤炭资源从地层中分离并运出采场的方法或技术。

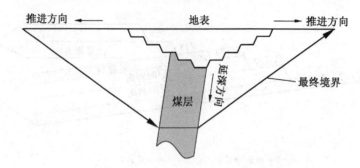

(a) 急倾斜煤层工作线沿走向布置时工作帮推进

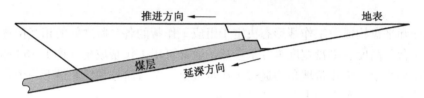

(b) 近水平或缓倾斜煤层工作线沿走向布置时工作帮推进

图 1-7　工作线沿走向布置时工作帮推进

露天煤矿开采工艺目前的分类方法主要依据采、运、排环节物料流是否连续分为间断式、连续式和半连续式 3 种，见表 1-2。

表 1-2　露天煤矿开采工艺系统分类

序号	工艺分类	采　用　设　备
1	间断式	A. 单斗挖掘机或前装机 + 铁道运输 + 推土犁（挖掘机） B. 单斗挖掘机或前装机 + 卡车 + 推土机 C. 单斗挖掘机或前装机 + 联合运输 D. 单斗挖掘机倒堆 E. 拖拉铲运机开采
2	连续式	A. 多斗挖掘机 + 运输排土桥 B. 带排土臂的轮斗挖掘机 C. 多斗挖掘机 + 胶带 + 排土机 D. 水力开采 + 水力运输
3	半连续式	A. 单斗挖掘机 + 卡车 + 半固定破碎站 + 带式输送机 B. 单斗挖掘机 + 自移式破碎机 + 带式输送机 C. 多斗挖掘机 + 汽车或铁路 D. 上述间断和连续工艺的组合

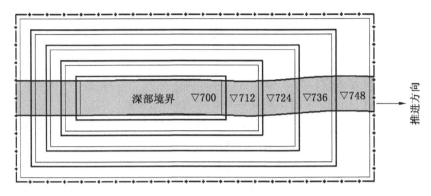

(a) 急倾斜煤层工作线沿倾向布置时工作帮推进

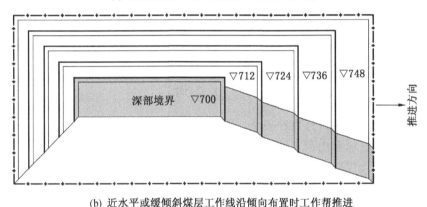

(b) 近水平或缓倾斜煤层工作线沿倾向布置时工作帮推进

图1-8　工作线沿倾向布置时工作帮推进

10. 采矿方法

采矿方法是实现工艺过程的手段，根据使用的工具和作业手段，主要分为机械化开采和非机械化开采，绝大部分矿床采用机械化方法开采，非机械化开采已经不是主流开采方法。常用的露天采矿方法主要有掘坑开采、倒堆开采、水利开采、浸出开采等。采矿方法的选择主要受煤层赋存条件和地形地貌的影响。

11. 排土工程

露天煤矿的剥离工程量一般要比采出的有用矿物量大数倍，大型露天煤矿的年剥离量可达几千万甚至上亿立方米，排土工作需要占用大量人力、物力。排土工作的任务是选择合理的排土工艺、参数和设备，组织排土环节内部各工序的紧密配合，充分发挥排土场的能力，确保采场持续均衡生产。

露天开采的排土工艺方式，按采用的设备可分为推土犁排土、挖掘机排土、推土机排土、排土机排土和前装机、铲运机排土等。排土方式的选择主要取决于采掘、运输工艺设备的类型、排弃土岩的性质、要求的排土能力和排土场位置等。

排土场应首先选择内排土场。当选择外排土场时，应遵守下列原则：

（1）宜位于无可采煤层及其他可采矿产资源的区域。

（2）当必须压煤或位于露天煤矿开采境界内时，应经技术经济比较确定。

（3）应与露天煤矿地面设施统一规划。

（4）应根据地形条件合理确定场地标高，缩短运输距离。

（5）不占或少占耕地、经济山林、草地和村庄。

（6）应保证排弃土岩时，不致因大块滚落、滑坡、塌方等威胁采场、工业场地、居民区、铁路、公路、农田和水域的安全。

（7）排土场基底稳定。

（8）应符合国家环境保护要求。

1.2　中国主要露天煤矿的地区分布

我国煤炭资源丰富且煤种齐全，但是资源分布不均匀，主要集中在华北及西北地区，其中新疆和内蒙古等地资源储量最为丰富。根据煤炭资源储量的分布，我国主要的露天煤矿大部分集中在内蒙古、新疆、山西、云南、宁夏、青海等地，其中内蒙古与新疆地区为露天矿集中地区。

1.2.1　中国露天煤炭资源分布概况

根据相关统计，截至 2010 年底，我国露天煤矿已利用地质储量为 352.33 亿 t，这些适宜露天开采的资源主要分布在内蒙古、新疆、陕西、山西、云南、宁夏、辽宁、黑龙江、青海、河南、甘肃、吉林、河北、贵州、广西 15 个省（自治区）。其中，新疆适宜露天开采的资源最为丰富，估计总资源量超过千亿吨；内蒙古位居第二，适宜露天开采的资源量超过 50000 Mt。

山西、云南、陕西、黑龙江、辽宁、宁夏适宜露天开采的资源基本上已被开发，其他省份适宜露天开采的资源较少，仅可开发为中小型露天煤矿，开采条件相对较差。

据统计，我国共有 9 个露天煤矿基地，分别是神东基地、蒙东（东北）基地、陕北基地、晋北基地、云贵基地、新疆基地、宁东基地、河南基地、晋东和晋中基地。其中神东基地、蒙东（东北）基地、新疆基地、晋北基地、云贵基地是中国露天煤矿的集中区域，陕北基地、宁东基地适宜露天开采的资源量较少；河南基地只有义马矿区有少量适宜露天开采的资源，基地内仅有的义马北露天煤矿早已闭坑；晋东和晋中随着山西煤炭资源整合后也出现一些中小型露天煤矿，但普遍剥采比较大，高于规范要求经济合理剥采比。此外，在黄陇基地也分布一些小型露天煤矿，开采规模大部分小于 3 Mt/a。

1. 神东基地

神东基地宜于露天开采的矿区有神东矿区、准格尔矿区和包头矿区。根据相关资料显示，神东矿区适合露天开采的地质储量为 519.6 Mt，可采储量为 491.66 Mt；准格尔矿区宜于露天开采的地质储量为 6405.43 Mt，可采储量为 5576.18 Mt。从数据上可以看出，准格尔矿区的煤炭储量极为丰富，而神东矿区的储量相对较少。在开采条件方面，准格尔矿区煤层埋藏浅，埋深为 116~150 m，煤层厚 21~48 m，煤层赋存稳定且倾角小，水文地质条件好，煤质优良，勘探程度较高，平均剥采比为 5~6 m³/t，适宜建设大型露天煤矿群。

2. 蒙东（东北）基地

蒙东基地露天矿区主要集中在内蒙古东部、黑龙江和辽宁地区。包括扎赉尔矿区、宝日希勒矿区、伊敏矿区、大雁矿区、胡列也吐矿区、诺门罕矿区、霍林河矿区、元宝山（平庄）矿区、白音华矿区、胜利矿区、白脑包矿区、贺斯格乌拉矿区、吉林郭勒矿区、白音乌拉矿区、准哈诺尔矿区、抚顺矿区、阜新矿区、双鸭山矿区。

3. 晋北基地

晋北基地露天矿区位于山西省北部，主要为平朔矿区和河保偏矿区。平朔矿区的露天资源储量最为丰富，根据《晋北煤炭基地规划》，该区地质储量为 3535.34 Mt，可采储量为 2799.36 Mt，煤层赋存深度为 100~200 m，厚度 24~35 m 左右，煤层结构简单，水文地质条件简单，剥采比 5 m³/t 左右，勘探程度高。河保偏矿区宜于露天开采的资源量相对较少，适合开发中小型露天矿山。

4. 云贵基地

云贵基地是西南最大的煤炭产地。基地内包括小龙潭矿区、昭通矿区、弥勒跨竹矿区。其中小龙潭矿区煤炭资源量中富、煤层稳定、水文地质条件好、地质构造简单，区内适宜露天开采的地质储量为 1084.5 Mt，可采储量为 709.45 Mt。昭通矿区适宜露采的资源量为 1696.3 Mt，但煤质差，经济效益不大。

5. 新疆基地

新疆基地是我国露天煤矿主要开发区域，其中吐哈区的三塘湖矿区地质储量 2105.1 Mt，可采储量是 1454.49 Mt。大南湖矿区地质储量 2377.24 Mt，可采储量是 1443.83 Mt。沙尔湖矿区地质储量 43867.2 Mt，可采储量是 31438.69 Mt。托克逊黑山矿区地质储量 1099.64 Mt，可采储量是 989.62 Mt。准噶尔区的五彩湾矿区地质储量 17952.59 Mt，可采储量是 9578.73 Mt。大井矿区地质储量

23080.31 Mt，可采储量是 17301.23 Mt。将军庙矿区地质储量 5389.44 Mt，可采储量 2633.62 Mt。西黑山矿区地质储量 18630.72 Mt，可采储量 10584.09 Mt。这些地区煤炭资源量丰富，而其他矿区资源量相对较少。

6. 宁东基地

宁东基地宜于露天开采的矿区位于宁夏东北部，主要为石炭井矿区。区内宜于露天开采的煤炭资源量为 174.88 Mt，剩余可采储量为 129.37 Mt。可以看出区内适合露采的资源量较少，但煤质条件较好，勘探程度高，开发历史较长，剥采比较大，平均在 10 m^3/t 以上。

1.2.2　中国主要露天煤矿分布概况

目前，我国国内露天煤矿主要分布在内蒙古、辽宁、吉林、黑龙江、河北、山西、陕西、宁夏、青海、甘肃、河南、广西、云南、贵州、新疆等地。其中内蒙古是我国露天煤矿数量最多的地区，约有 200 多座。云南约 40 多座，山西近 30 座，新疆 20 多座，广西、贵州、河北均各 1 座，其他地区各有 10 余座。

1. 神东矿区

神东矿区的煤炭资源丰富且外部条件良好、开采技术简单、勘探程度高。该区主要包含两座露天煤矿。

1）武家塔露天煤矿

该露天煤矿位于鄂尔多斯高原南部边缘、陕蒙交界处的神东矿区腹地。露天煤矿整体矿田长 4.9 km，宽 1.5~2.5 km，面积 8.9 km^2。根据《神东煤炭基地规划》，地质储量 159.55 Mt，可采储量 150.78 Mt，露天矿设计生产能力 5 Mt/a，服务年限 30 a。

2）柠条塔露天煤矿

该露天煤矿面积为 25.1 km^2。根据《神东煤炭基地规划》，地质储量 360.11 Mt，可采储量 340.88 Mt，露天矿设计生产能力 10 Mt/a，服务年限 31 a。

2. 准格尔矿区

准格尔矿区位于内蒙古自治区鄂尔多斯市准格尔旗东部，煤田北部隔黄河与内蒙古自治区呼和浩特市托克县、清水河县相邻，东部、南部分别与山西省偏关县、河曲县相邻，西南部与陕西省府谷县相邻，西部与鄂尔多斯市达拉特旗、东胜区和伊金霍洛旗相接。矿区东西宽 21 km，南北长 65 km，面积约 1022 km^2。

区内共有 4 座露天煤矿，分别为黑岱沟露天煤矿、哈尔乌素露天煤矿、长滩露天煤矿、罐子沟（魏家峁）露天煤矿。

1）黑岱沟露天煤矿

该露天煤矿隶属于神华集团准格尔能源有限责任公司，矿区位于准格尔煤田中部，坐落于鄂尔多斯盆地，地面高程 1100~1250 m。矿田长 7.9 km，宽 5.4 km，面积 42.4 km², 地质储量为 1308.66 Mt, 可采储量 1257.24 Mt。露天矿主要开采6 号煤层, 平均煤厚 28.8 m, 核定生产能力 34 Mt/a, 平均剥采比 4.95 m³/t。

2) 哈尔乌素露天煤矿

该露天煤矿隶属于中国神华能源股份有限公司, 矿田长 9.5 km, 宽 6.3 km, 面积约 56.2 km²。矿田地质储量 1649.12 Mt, 可采储量 1506.18 Mt, 核定生产能力 35 Mt/a, 平均剥采比为 6.12 m³/t。

3) 长滩露天煤矿

该露天煤矿隶属于内蒙古汇能煤电集团有限公司, 为规划露天煤矿。矿田长11.5 km, 宽 3.6~7.2 km, 面积约 58.1 km²。该矿地质储量 2405.3 Mt, 可采储量 2131.1 Mt。

4) 罐子沟露天煤矿 (现名为魏家峁露天煤矿)

该露天煤矿隶属于中国华能集团公司, 位于内蒙古鄂尔多斯市准格尔旗东部, 是魏家峁煤电一体化项目的两个子项之一。矿田南北最长处达 8.79 km, 东西最宽处 10.02 km, 面积约 55 km²。该矿田地质资源量 977.18 Mt, 可采资源量686.31 Mt, 露天煤矿设计服务年限 114 a, 矿山平均剥采比 7.35 m³/t。

3. 榆神矿区

矿区内的西湾露天煤矿, 属于陕西神延煤炭有限责任公司, 位于陕西省榆林市榆阳区的东北部、神木县的西南部。矿田南北长 18 km, 东西宽 4.1 km, 面积73.47 km², 露天矿内地质储量 681.74 Mt, 可采地质储量 674.93 Mt, 设计露天煤矿原煤生产能力 10 Mt/a, 露天煤矿设计服务年限 62.9 a, 平均剥采比 8.29 m³/t。

4. 扎赉诺尔矿区

扎赉诺尔矿区内共有 4 座露天煤矿。

1) 宝日希勒一号露天煤矿

该矿隶属于神华宝日希勒能源有限公司, 煤矿资源量 1561.44 Mt。该矿是在原来的宝日希勒露天煤矿基础上进行扩建而来, 扩建后的建设规模为 10 Mt/a, 生产剥采比为 2.58 m³/t。

2) 二号露天煤矿

二号露天煤矿是在原宝日希勒三矿的基础上进行建设的, 二号露天煤矿资源量 624.68 Mt, 服务年限 36.21 a。

3) 东明露天煤矿

东明露天煤矿位于宝日希勒矿区西详查区, 隶属于呼伦贝尔东明矿业有限责任公司。该露天煤矿资源量为 193.21 Mt/a, 平均生产剥采比为 2.58 m³/t。

4) 谢尔塔拉露天煤矿

谢尔塔拉露天煤矿位于内蒙古自治区呼伦贝尔市海拉尔区谢尔塔拉镇境内,

矿区资源量为 472.01 Mt，平均剥采比为 4.78 m³/t。

5. 伊敏矿区

伊敏矿区内共有 7 座露天煤矿。

1）一号（伊敏）露天煤矿

矿田长 8.15 km，宽 2.63～4.52 km，面积约 303.5 km²。矿区资源量为 988.8 Mt，可采原煤量为 956.8 Mt。一号露天煤矿 2010 年矿山移交投产，露天煤矿生产总能力达到 16 Mt/a，平均剥采比为 2.79 m³/t。

2）三号露天煤矿

矿田长 6.82 km、宽 5 km、面积约 25.43 km²。矿区资源量 922.07 Mt，可采原煤量 892.61 Mt。矿山规划生产能力 15 Mt/a，服务年限 54 a。

3）北露天煤矿

矿田长 4 km、宽 2.15 km、面积约 8.6 km²。矿区资源量 178.69 Mt，可采原煤量 106.49 Mt。矿山规划生产能力 2.4 Mt/a，服务年限 40 a。

4）南露天煤矿

矿田长 4 km、宽 2.2 km、面积约 8.8 km²。矿区资源量 278.42 Mt，可采原煤量 235.76 Mt。矿山规划生产能力 5 Mt/a，服务年限 42 a。

5）二号露天煤矿

矿田长 13 km、宽 3.2～12.6 km、面积约 97.97 km²。矿区资源量 4803.01 Mt，可采原煤量 4551.12 Mt。矿山规划一期生产能力 45 Mt/a，二期 50 Mt/a，服务年限 83 a。

6）四号露天煤矿

矿田长 8.4 km、宽 4.2 km、面积约 35.32 km²。矿区资源量 423.29 Mt，可采原煤量 156.9 Mt。矿山规划生产能力 4.5 Mt/a，服务年限 31 a。

7）五号露天煤矿

矿田长 10 km、宽 4.6 km、面积约 45.89 km²。矿区资源量 1223.09 Mt，可采原煤量 986.47 Mt。矿山规划生产能力 25 Mt/a，服务年限 35 a。

6. 大雁矿区

大雁矿区内扎尼河露天煤矿隶属于神华大雁矿业集团，矿区剩余可采储量为 225.63 Mt。矿区煤种为低变质长焰煤，平均剥采比 3.32 m³/t，服务年限 33.42 a。

7. 胡列也吐矿区

胡列也吐矿区内规划了两座露天煤矿，分别为嵯北东露天煤矿和嵯北西露天煤矿。

1）嵯北西露天煤矿

该矿位于矿区东北部西段矿田，矿田南北宽 4.6 km，东西长 9.1 km，面积约 28.91 km²。地质资源量 662.45 Mt，估算可采储量 514.92 Mt。

2）嵯北东露天煤矿

矿山位于东北部东段矿田，矿田南北宽 8.2 km，东西长 7.1 km，面积约 49.91 km²。地质资源量 1189.41 Mt，估算可采储量 921.28 Mt。

8. 诺门罕矿区

区内规划一座露天煤矿，即一号露天煤矿。矿田位于矿区煤田东中部。矿田走向平均长 16.0 km，倾斜平均宽 5.1 km，面积 82.1 km²。矿田地质资源量 3970.25 Mt，估算可采储量 2662.70 Mt。

9. 元宝山（平庄）矿区

矿区目前有两座露天煤矿，即平庄西露天煤矿和元宝山露天煤矿。

1）平庄西露天煤矿

平庄西露天煤矿位于赤峰市东南 50 km，平庄城区西南 4 km 处，隶属于平庄煤业（集团）有限责任公司。设计生产能力 1.5 Mt/a。

2）元宝山露天煤矿

元宝山露天煤矿位于内蒙古自治区赤峰市东 35 km 处的元宝山区建昌营镇，隶属于内蒙古平庄煤业（集团）有限责任公司的现代化大型煤炭企业。煤矿东西平均长 2.7 km，南北平均宽 4.7 km，面积 13.68 km²。地质资源量 562 Mt，可采储量 394 Mt。平均剥采比 3.92 m³/t。

10. 霍林河矿区

区内主要有 3 座露天煤矿。

1）霍林河南露天煤矿

霍林河南露天煤矿 1979 年开始建设，矿田长 6.9 km，宽 5.31 km，面积 36.63 km²。煤矿设计可采储量 820.7716 Mt。

2）霍林河北露天煤矿

霍林河北露天煤矿从 1989 年开始建设，矿田长 6.26 km，宽 3.3 km，面积 20.40 km²。煤矿可采资源量 503.01 Mt。

3）扎哈淖尔露天煤矿

扎哈淖尔露天煤矿隶属于中电投蒙江能源有限责任公司，位于霍林河煤田二区露天勘探范围内。矿田走向长 9.47 km，宽 3.81 km，面积约 36.07 km²。煤矿保有资源量 1185.14 Mt，可采资源量 902.39 Mt，服务年限 32.81 a。

11. 白音华矿区

区内共有 4 个露天煤矿。

1）一号露天煤矿

矿田面积 17.82 km²，煤矿资源量 738.66 Mt，开采深度 200 m，设计生产能力 7 Mt/a，服务年限 63.5 a。

2）二号露天煤矿

二号露天煤矿是由中国电力投资集团公司（中电投）和中电投蒙东能源集团有限责任公司共同组建。矿田面积 28.48 km²。煤矿剩余可采资源量为 956.0891 Mt，开采深度为 200 m，设计生产能力 15 Mt/a，服务年限 69.3 a。

3）三号露天煤矿

三号露天煤矿由中电投蒙东能源集团有限责任公司开发。矿区面积 46.5677 km²，设计生产能力 14 Mt/a。

4）四号露天煤矿

白音华四号露天煤矿位于内蒙古自治区锡林郭勒盟西乌珠穆沁旗境内，矿区面积 25.04 km²，最大开采深度 330 m。查明资源量 2100 Mt，规划建设规模 24 Mt/a。

12. 胜利矿区

胜利煤田位于内蒙古自治区锡林郭勒盟锡林浩特市西北部宝力根（胜利）苏木境内，走向长 45 km，倾向宽 7.6 km，含煤面积 342 km²。

区内主要有 3 座露天煤矿。

1）胜利西一号露天煤矿

该矿隶属于神华北电胜利能源有限公司，位于内蒙古自治区锡林浩特市北郊 6 km。该矿田查明地质资源量 1939.43 Mt，可采储量 1851.58 Mt。

2）胜利东二号露天煤矿

该矿隶属于大唐国际发电股份有限公司，矿区东西长 8.6 km，南北宽 5.8 km，开采面积 49.88 km²。该矿田查明地质资源量 5963.52 Mt，可采储量 4174.91 Mt。

3）胜利西二号露天煤矿

该矿位于内蒙古自治区锡林浩特市西北部宝力根苏木境内，在胜利煤田的西部，矿区东西长 3.3～4.3 km，南北宽 4.5 km，开采面积约 17.99 km²。该矿田查明地质资源量 425.07 Mt，可采储量 403.82 Mt。

13. 贺斯格乌拉矿区

矿区内有一座露天煤矿，即贺斯格乌拉露天煤矿。位于霍林郭勒西北约 70 km 的内蒙古自治区锡林郭勒盟东北部乌拉盖管理区境内，地处锡盟、兴安盟和通辽市三盟市的交界处，锡林郭勒草原的腹地，隶属于内蒙古锡林河煤化工有限责任公司。该矿田地质资源量 876.75 Mt，可采储量 800.95 Mt。

14. 吉林郭勒矿区

矿田内有一座露天煤矿，即吉林郭勒二号露天煤矿，位于内蒙古锡林郭勒盟西乌珠穆沁旗巴拉嘎尔高勒镇西南约 40 km，由铁法能源等三家公司共同开发建设。矿区占地面积 50.6 km²。该矿田查明地质资源量 1786 Mt，可采储量 1529 Mt。

15. 白音乌拉矿区

区内主要有两座露天煤矿。

1）芒来露天煤矿

该矿地处内蒙古白音乌拉煤田西北边缘，矿田长 4.7 ~ 7.4 km，宽 3.3 ~ 4.2 km，开采面积约 53.96 km²。该矿田查明地质资源量 754 Mt，可采储量 540 Mt。

2）赛罕塔拉露天煤矿

该矿位于白音乌拉煤田东北部，矿区距苏尼特左旗旗府所在地满都拉图镇 35 km，矿田长 3.1 ~ 4.7 km，宽 4.2 km，开采面积约 17.76 km²。该矿田查明地质资源量 627 Mt，可采储量 401 Mt。

16. 准哈诺尔矿区

准哈诺尔露天煤矿由东乌珠穆沁旗鑫地资源开发有限公司开发建设，矿区东西长 12.27 km，南北宽 11.28 km，开采面积约 126.64 km²。该矿田查明地质资源量 2127.01 Mt，规划建设规模 12 Mt/a。

17. 抚顺矿区

矿区内有两座露天煤矿，分别为抚顺西露天煤矿和抚顺东露天煤矿。

1）抚顺西露天煤矿

该露天煤矿是由抚顺矿业集团有限责任公司开发，矿田位于辽宁省抚顺市市区西南部，浑河南岸，千台山北麓。矿区东西长 6.6 km，南北宽 2.2 km，开采面积约 10.87 km²。

2）抚顺东露天煤矿

抚顺东露天煤矿位于抚顺煤田东部，矿坑东西长 5.7 km，南北宽 1.9 km，开采面积约 9.2 km²。

18. 宝清朝阳矿区

宝清朝阳露天煤矿隶属于神华国能宝清煤电化开发有限公司。煤矿西南到东北走向长度平均为 16 km，西北至东南倾向宽度平均约为 4.8 km，面积约为 77 km²，最大开采深度 155 m。该矿田查明地质资源量 890.87 Mt，可采储量 836.64 Mt。

19. 平朔矿区

矿区内有 3 座露天煤矿，分别是中煤平朔集团有限公司安太堡露天煤矿、安家岭露天煤矿、东露天煤矿。

1）安太堡露天煤矿

安太堡露天煤矿是中煤平朔集团有限公司旗下最大的核心煤炭生产企业之一，位于朔州市平鲁区，居大宁煤田中段，1987 年 9 月建成投产。煤矿面积为 24.03 km²，矿田可采煤层为 3 层。截至 2013 年底，该矿田查明地质资源量 720.03 Mt，可采储量 613.41 Mt，平均剥采比 5.6 m³/t。。

2）安家岭露天煤矿

安家岭露天煤矿是中煤平朔集团有限公司下属的主要煤炭生产企业，是中国第一座自行勘探、自行设计、自行施工安装、自行经营管理的特大型现代化露天煤矿。该矿位于朔州市平鲁区，煤矿面积为 28.89 km²。截至 2013 年底，该矿田查明地质资源量 966.39 Mt，可采储量 638.01 Mt，平均剥采比为 5.06 m³/t。

3）东露天煤矿

东露天煤矿是国家规划的平朔矿区三大露天煤矿之一，是国家煤炭工业"十一五"规划重点建设项目和山西省重点工程项目。东露天煤矿位于宁武煤田北端，行政隶属朔州市平鲁区管辖，该矿东西长 1.99 ~ 5.95 km，南北宽 4.90 ~ 10.63 km，开采面积约 45.90 km²。该矿田查明地质资源量 1848.92 Mt，可采储量 1458.52 Mt，平均剥采比 5.58 m³/t。

20. 小龙潭矿区

矿区内有两座露天煤矿，分别是小龙潭露天煤矿和布沼坝露天煤矿。

1）小龙潭露天煤矿

小龙潭露天煤矿为生产煤矿，开采小龙潭矿区的江北井田，小龙潭露天煤矿长约 2.04 km，宽约 1.85 km，面积约 3.8 km²，隶属于云南省小龙潭矿务局。小龙潭露天煤矿地质储 149.57 Mt，可采储量 41.00 Mt，平均剥采比 1.2 m³/t。

2）布沼坝露天煤矿

布沼坝露天煤矿为生产煤矿，开采小龙潭矿区的江南井田，布沼坝露天煤矿南北长约 3.1 km，东西宽约 2.58 km，面积约 8 km²，隶属于云南省小龙潭矿务局。小龙潭露天煤矿累计探明地质储量为 896.74 Mt，可采储量 521.45 Mt，平均剥采比为 0.82 m³/t。

21. 先锋矿区

矿区内主要的露天煤矿为先锋露天煤矿。先锋露天煤矿由云南先锋煤业有限公司建设开发，位于昆明市寻甸县先锋乡境内，在昆明的北偏东方向。矿区南北宽 1.76 km，东西长 2.47 km，面积约 4.09 km²。先锋露天煤矿划定矿区范围内保有地质储量 165 Mt，可采储量 147 Mt，平均剥采比 2.97 m³/t。

22. 跨竹矿区

跨竹矿区主要露天煤矿为山心村露天煤矿。山心村露天煤矿由金世旗国际控股股份有限公司下属的云南国经煤电有限公司开发。山心村露天煤矿开采境界平均长 3.97 km，平均宽 3.3 km，面积为 11.45 km²。矿区内保有资源储量为 341.48 Mt，可采储量为 302.20 Mt，平均剥采比为 4.72 m³/t。

23. 石炭井矿区

矿区内主要露天煤矿是大峰露天煤矿，是 20 世纪 70 年代初在贺兰山北段建成的一座山坡型露天煤矿，地处宁夏石嘴山市大武口区，隶属于神华宁煤集团有限公司。矿区南北长 12.63 km，东西宽 2.26 km，煤田面积为 28.58 km²。区内查明资源储量为 41.74 Mt，可采储量为 36.94 Mt。

24. 后峡煤田托克逊黑山矿区

矿区内有一座露天煤矿，为黑山露天煤矿。矿田长 18.9～21.8 km，宽 2.4～3.3 km，面积为 39.23 km²，隶属于新疆黑山露天煤矿有限公司。煤矿内查明资源储量为 1099.64 Mt，可采储量为 989.68 Mt。

25. 准东煤田五彩弯矿区

矿区内规划 5 座露天煤矿。

1）一号露天煤矿

一号露天煤矿，长为 7.98 km，宽为 7.67 km，煤田面积为 51.33 km²，隶属于新疆宜化矿业有限公司。煤矿内查明资源储量为 2583.95 Mt，可采储量为 1199.27 Mt。

2）二号露天煤矿

二号露天煤矿，长为 10.14 km，宽为 5.44 km，煤田面积为 50.29 km²，隶属于神东天隆集团有限公司。煤矿内查明资源储量为 4235.21 Mt，可采储量为 2263.53 Mt。

3）三号露天煤矿

三号露天煤矿，长为 8.91 km，宽为 8.79 km，煤田面积为 42.3 km²，隶属于神华新疆公司。煤矿内查明资源储量为 3011.7 Mt，可采储量为 1511.59 Mt。

4）四号露天煤矿

四号露天煤矿，长为 8.84 km，宽为 14.68 km，煤田面积为 97.6 km²，隶属于兖矿新疆能化有限公司。煤矿内查明资源储量为 5410.72 Mt，可采储量为 3324.93 Mt。

5）五号露天煤矿

五号露天煤矿，长为 12.48 km，宽为 10.41 km，煤田面积为 59.93 km²，隶属于神华新疆能源公司。煤矿内查明资源储量为 2711.01 Mt，可采储量为 1279.41 Mt。

26. 准东煤田大井矿区

矿区共划分为 3 座露天煤矿。

1) 南露天煤矿

南露天煤矿属于新疆天池能源有限责任公司，于 2012 年 4 月一期工程获得国家发展和改革委员会核准。矿田长为 12.2 ~ 21 km，宽为 7.1 ~ 13.2 km，煤田面积为 219.82 km²。矿煤内查明资源储量为 14877.64 Mt，可采储量为 11158.23 Mt。

2) 北露天煤矿

北露天煤矿，矿田长为 9.7 ~ 12.3 km，宽为 9.7 ~ 11.4 km，煤田面积为 131.71 km²。煤矿内查明资源储量为 5323.59 Mt，可采储量为 3992.69 Mt。

3) 东露天煤矿

东露天煤矿，矿田长为 4.6 ~ 11.1 km，宽为 10.3 ~ 11.3 km，煤田面积为 95.1 km²。煤矿内查明资源储量为 2879.08 Mt，可采储量为 2159.31 Mt。

27. 准东煤田将军庙矿区

将军庙露天矿，矿田长为 7.0 ~ 8.8 km，宽为 12.6 ~ 15.7 km，煤田面积为 114 km²。煤矿内查明资源储量为 5389.44 Mt，可采储量为 2633.62 Mt。

28. 准东煤田西黑山矿区

准东煤田西黑山矿区地处准噶尔盆地东南缘的博格达山北麓低山—丘陵地带，矿区位于奇台县城东北方向，矿区内共规划 5 座露天煤矿。

1) 将军戈壁一号露天煤矿

将军戈壁一号露天煤矿，矿田长为 8.21 km，宽为 10.2 km，煤田面积为 87.20 km²。煤矿内查明资源储量为 4428.52 Mt，可采储量为 2484.46 Mt。

2) 将军戈壁二号露天煤矿

将军戈壁二号露天煤矿，矿田长为 7.5 km，宽为 10.3 km，煤田面积为 87.30 km²。煤矿内查明资源储量为 4120.06 Mt，可采储量为 2813.13 Mt。

3) 西黑山露天煤矿

西黑山露天煤矿，矿田长为 8.5 km，宽为 10.8 km，煤田面积为 104.18 km²。煤矿内查明资源储量为 6209.19 Mt，可采储量为 4656.89 Mt。

4) 红沙泉一号露天煤矿

红沙泉一号露天煤矿，隶属于神华新疆分公司。矿田长为 9.05 km，宽为 8.07 km，煤田面积为 102.92 km²。煤矿内查明资源储量为 5102.37 Mt，可采储量为 2989.74 Mt。该矿剥采比小于或等于 10 m³/t。

5) 红沙泉二号露天煤矿

红沙泉二号露天煤矿，矿田长为 8.25 km，宽为 12.2 km，煤田面积为 38.23 km²。煤矿内查明资源储量为 4979.77 Mt，可采储量为 2296.79 Mt。

1.3　露天煤矿开采的生态与环境问题研究概况

露天煤矿开采必然引发一定的生态与环境问题，这是由矿产资源开发的特点所决定的，是露天煤矿开采的必然结果，是无法完全避免的。但在条件允许的情况下，可以通过采取科学、合理的技术措施，按照采矿工程的时空发展顺序，对矿区环境系统的组成、结构和功能进行设计与调控，使矿区环境系统随着矿山工程的发展而不断演化，最终实现矿区环境系统在矿山开采及闭坑维护的全部时间范畴内，不仅满足矿山开发者的环境需要。还能满足其他人和周围其他生物的环境需要。其实这是要在更高层次上考虑人的需要，以实现人类社会的持续发展。为了实现这一目标，国内外学者做了大量的研究工作。

1.3.1　露天煤矿污染及防治措施方面

国内外关于露天煤矿污染及防治措施的研究起步较早，研究成果较多，基本涵盖了露天煤矿开采过程中产生环境污染的各个方面。蒋仲安系统分析了露天煤矿环境污染因素，并从污染物处理、政府监管和法律法规等方面提出了一些有效防治措施。王博等研究了扎哈淖尔露天煤矿在矿山开采过程中所引起的对水、土地及大气等资源造成的污染和破坏，对扎哈淖尔露天煤矿水土流失情况、生态环境等进行分析评价，详细论述了造成霍林河扎哈淖尔露天矿环境与生态影响的原因及针对性的治理措施。王忠鑫等研究了戈壁环境的基本特征，根据露天煤矿生产环节和不同生产工艺分析了主要的粉尘污染源分布和产尘方式，论述了戈壁环境下对露天煤矿进行粉尘治理的必要性和特殊性，重点研究了戈壁背景环境下露天煤矿粉尘污染防治的主要措施。金龙哲等针对露天煤矿运输道路路面扬尘污染问题进行了喷洒实验，测定了两种卤化物抑尘剂的16个配方在自然环境中昼夜周期吸湿、放湿的能力和抗冻性能，确定出了最佳配方。胡树军等基于对露天采场路面扬尘特点及机理的分析，确定了抑尘剂组分；通过吸湿剂、凝并剂和表面活性剂单体选择试验，初步确定单体及浓度范围；基于正交试验，以失水率为评价指标，确定了最优配方，并对其自然环境下的吸湿放湿性、抗风吹等性能进行了测试；结果表明，研究出的抑尘剂具有较好的吸湿、保水性能，干燥条件下，表面强度高，固结性能好，具有较好的防尘抑尘性能，且材料来源广泛、制备简单、成本低，具有较好的应用前景。潘斌针对德兴铜矿采区粉尘污染出现的问题，分析了粉尘污染源产生的原因，提出了大型露天矿山粉尘治理的具体措施；通过综合治理，尤其是增加管路加压喷洒抑尘，德兴铜矿露天采矿场的粉尘控制已取得了很好的效果；但在爆破作业防尘、铲装作业防尘、防止二次扬尘等方面仍存在一些问题有待解决。贺振伟等研究了安家岭露天煤矿噪声污染的主要特征，并针对露天煤矿采掘场、排土场、机修厂等不同的厂区提出了相应的治理措施，实施结果表明与安太堡露天煤矿相比噪声污染较轻，厂界噪声排放低于国家标准。郭二果等以胜利一号露天煤矿为例，在主要噪声源强以及厂界和周边敏感目标的噪声级现状监测的基础上，对煤矿开发后声环境影响进行回顾性分析和验证性评价，结果表明：噪声源中采掘场噪声较大，铁路装车站、铁路专用线以及破碎车间、机修车间、变电所、排水泵站、锅炉房等机修设备噪声源产生的噪声值相对较小；随着煤矿开采规模和开采面积的增加，露天煤矿采掘场噪声污染、厂界噪声和周边敏感点噪声会不断加大；而且，采掘场最大噪声级出现的方向也会随着开采方向的推进而变化。白润才等从开采设备的选取、运输系统的合理确定、数字矿山的建立、资源的合理利用等多个角度系统研究了解决露天煤矿环境污染问题的方法；指出露天煤矿应实施绿色开采技术，将露天开采与生态循环经济紧密相结合，使矿山企业得到巨大的经济效益和社会效益，确保矿山企业走上可持续发展的道路。

综上所述，关于露天煤矿污染及防治措施方面的研究成果，多是从定性的角度分析露天煤矿开采对环境造成的一般性污染问题，再根据具体露天煤矿的实际情况提出具有针对性的治理措施；或者针对露天煤矿特定污染物的治理技术进行深入研究，研发高效、可靠的治理技术或产品。

1.3.2　露天煤矿生态恢复重建方面

国内关于露天煤矿生态恢复重建方面的研究开始于 20 世纪 80 年代后期，自 1989 年国务院颁布了《土地复垦规定》开始，才要求把露天煤矿土地复垦纳入到矿山工程设计中，标志着我国露天矿山土地复垦进入了有法可依的新阶段。此后关于露天煤矿生态恢复和重建的研究成果逐渐增多，研究方向也从单一的复垦技术向露天采矿与生态重建一体化技术发展，大量的研究成果在准格尔矿区、平朔矿区和伊敏矿区等大型露天煤矿得到了应用，并取得了较好的效果。郭昭华等详细介绍了黑岱沟露天煤矿生态综合整治工程的初步实验研究方法，提出了四种优选的生态结构模式，阐述了生物技术措施和工程技术措施的关系，以及所取得的生态效益和经济效益。张磊等研究认为土地复垦不仅是土地问题，同时也是环境问题，土地复垦的实质是既要恢复土地资源，又要重建生态平衡；生态重建是土地复垦的核心和目标，土地复垦和生态重建是土地和环境综合治理的系统工程，明确了矿山土地复垦规划的一般程序。卞正富等提出了利用复垦土地结构多样性指数和生物多样性指数来评价矿区生态恢复状况的方法，对复垦方案及复垦时植物品种进行了选择。申广荣 1997 年采用专家系统的方法，对土地结构与植被的关系进行了适宜性评价；2000 年通过对露天煤矿土地复垦特点和 GIS 强大功能的分析，阐述了露天煤矿土地复垦信息系统建立的思想、结构、功能和实现途径，并在安太堡露天煤矿人工重建的生态系统中进行验证，绘制了该矿 2000

年生态景观嵌镶格局和重建规划的平面图。才庆祥等提出了露天矿生态重建的实质就是根据矿山不同开采时期的特点、人类的最终需求及价值取向，对生态重建系统的组成、结构和功能进行设计与调节，重建一个高水平的可持续发展系统；根据不同开采时期的技术特点和自然环境因素，利用系统动力学原理，建立了相应的子模型，并利用系统动力学原理探讨了这些子模型之间的因果关系，从一个新的角度提出了解决露天煤矿生态重建复杂巨系统的优化方法。孙伟光等针对露天煤矿开采与土地复垦过程中遇到的综合技术问题，采用综合分析与模拟的方法，把露天煤矿开采工艺与土壤重构原理相结合，实现露天煤矿剥、采、排一体化工艺，优化排土顺序和位置，采集数据并建立采场和排土场 DEM 模型，同时对排土场覆盖的熟土进行定量计算，确定该区域的覆土量和平均覆土厚度，并对排土场生态重建进行三维景现模拟，实现排土场的数字化管理。杨海春等针对准格尔矿区哈尔乌素露天煤矿排土场复垦表土资源匮乏的问题，提出了将黑岱沟的部分表土资源用于哈尔乌素排土场复垦的方案。赵二夫等建立了黑岱沟表土物流模型，使黑岱沟露天煤矿黄土剥离与复垦实现煤矿生产与矿区生态环境重建在评价、规划与设计上的同步性，在工艺配置上的趋同性，在工序安排上的协调性，在时空关系上的前瞻性。

综上所述，关于露天煤矿生态恢复重建方面的研究主要集中在生态结构模式的确定、物种的优选、人工生态系统重建程序及优化方法、表土剥离及排弃管理等方面，既有定性研究也有定量研究。

1.3.3 露天煤矿开采的环境代价核算方面

露天开采的环境代价核算方面的研究成果可划分为两大类，其一为关于露天煤矿开采的环境压力量化研究，其二为关于露天煤矿开采过程中引起的环境系统损害及对人类带来的不利影响的研究。

关于露天煤矿开采的环境压力量化研究方面，都沁军以事实和数据为基础说明了矿产资源开发产生较严重的环境问题，总结了世界各国政府采区的矿山环境治理措施，构建了矿产资源可持续开发利用的概念模型，指出研究环境问题是实现矿产资源可持续开发利用的基础，而环境压力研究是其核心所在，指出了矿产资源开发环境压力研究的意义、思路及方向。王忠鑫以生态足迹和物质流核算理论为基础，构建了矿山环境压力量化指标的计算模型，研究了南芬露天煤矿1995—2007 年开采期间的环境压力变化情况，并对矿山的生态可持续性进行了评价。都沁军以物质流分析理论和生态足迹理论作为矿产资源开发环境压力评价的理论基础，由此构建了由总量指标、承载力指标、强度指标和效率指标共四个类别的评价指标体系，包括本地矿产资源开发环境载荷、本地矿产资源开发综合生态足迹、矿产资源开发有效生态面积、矿产资源开发标准生态面积、矿产资源开发环境压强、矿产资源开发生态足迹强度、矿产资源开发生态超载强度、本地矿产资源开发环境效率、本地矿产资源开发生态效率等9个指标。顾晓薇等基于生态足迹理论设计了矿区经济系统的生态可持续性评价方法，应用生态足迹相关指标对1995—2007年南芬露天煤矿经济系统的生态可持续性进行了实证研究。王忠鑫等基于集对分析理论提出了一种综合评价露天矿区生态可持续性的新方法，使露天矿区可持续性评价更符合"综合评价"和"定量化评价"的要求，重视信息处理中的相对性和模糊性，得到的评价结果简单、形象且具有更强的操作性和政策内涵。同时，该评价模型克服了传统指标体系在加权计算时权重处理的主观性强、任意性大等缺陷，在实践中不会出现种种估值困难等问题，实证研究的结果表明，该方法是一种综合评价露天矿区生态可持续性的有效方法。

关于露天煤矿开采过程中引起的环境系统损害及对人类带来的不利影响等方面，国内外学者也做了大量的研究工作并取得了一定的研究成果。吴强提出了矿山环境代价定量评估领域当前存在困惑和争议的四个重点难点问题，它们分别是时空界定、人体健康损失、重复和遗漏计算以及误差处理；指出了如果不能在对生态环境的认识和计量方法方面取得实质性的突破，环境代价计量的一些难点问题将很难得到彻底的解决。石香江等根据矿产资源开采环境代价核算的边际外部成本理论和资源开采产生的环境代价核算方法——直接市场法和替代市场法，构建了资源开采环境代价指标体系；以湖南省冷水江市资源开采为例，对其产生的环境代价进行了实证研究，根据研究成果将资源环境代价划分为严重区、较严重区和一般区，为更好地治理恢复资源枯竭型城市提供了依据。李海东等从防护性成本、生态破坏造成的农林生产损失、生态破坏造成的生态服务功能损失、环境污染造成的农作物减产损失、环境污染造成的人体健康损失、恢复治理成本6个方面，构建了大型露天矿山生态破坏与环境污染损失评估框架，并以三道庄矿山为例进行了实证研究，动态评估了三道庄露天矿山生态破坏与环境污染的损失。李华等利用经济学边际机会成本和外部成本理论、直接市场法和替代市场法，将冷水江锡矿山锑矿开采的环境代价分为环境污染及占地损失、地质灾害损失和恢复治理成本三大类，每一类环境代价都确定了一系列可以量化的指标，估算了冷水江锡矿山锑矿开采折合每吨矿石的环境代价为26.28元人民币。

综上所述，关于露天煤矿开采的环境压力量化的研究成果主要是基于生态足迹和物质流理论对矿产资源开发过程中对生态环境资源的占用情况进行定量化的研究，根据矿山对生态环境资源占用的多少评估矿山经济系统的生态可持续性。关于露天煤矿开采过程中引起的环境系统损害及对人类带来的不利影响的研究成果，主要是运用经济学的有关理论估算矿产资源开发需要付出的环境代价，环境代价主要包括环境污染及占地损失、地质灾害损失和恢复治理成本等方面的经济损失，最终结果以货币的形式体现。

1.3.4 露天煤矿绿色开采技术方面

2003 年，钱鸣高院士提出了绿色开采的理论构想。绿色开采是综合考虑资源效率、安全性能以及环境影响的现代开采模式，以将煤炭产业打造成绿色工业为目标，形成资源节约、安全高效与环境保护多位一体的开采理论和技术体系。近年来，随着环境问题对经济建设和人民生命健康和安全负面影响的突显，露天矿绿色开采的理念也被更多人所接受，相关的理论和实践研究成果也越来越多。根据可持续发展和"绿色开采"理论框架，逐步形成了保水开采、充填开采、煤层地下气化、矿区土地复垦与生态重建一体化等一系列全新的采矿研究方向和理论技术成果。赵浩等将露天煤矿绿色开采定义为：在保证露天矿山安全、高效生产的同时，兼顾露天采煤对生态环境的影响，充分利用一切可以利用的资源，防止或尽可能地减轻露天采煤对土地、空气以及水的不良影响，使露天矿山形成"高效率、低能耗、低污染、低排放"的运行模型，以取得最佳的经济效益和社会效益，促进矿山企业的可持续发展。刘福明将露天煤矿绿色开采定义为：通过现代露天资源回收技术、绿色高效开采工艺应用技术以及生态环境修复技术有机耦合而形成的露天矿高效、低碳、环保、高度集中化、高度集约化的现代化资源开发模式。尽管两个关于露天煤矿绿色开采的定义不完全相同，但二者关于露天煤矿绿色开采的最终目的是一致的，即强调通过实施绿色开采使露天矿以节能减排、低碳高效、绿色环保的模式运行，从而实现矿山的可持续发展以及矿山与外部环境的和谐统一。才庆祥提出了露天煤矿绿色开采技术的基本内容主要包括压帮内排技术、采场内搭桥技术、露天煤矿时效边坡技术、端帮靠帮开采技术、露天煤矿易滑区煤炭回采技术、采矿与生态重建一体化技术、选采技术和节能减排技术。此后国内众多学者针对绿色开采技术体系包括的内容开展了深入的研究，已取得了大量的研究成果。车兆学等提出了中间迈步式搭桥开拓运输系统的理论，即下部水平内排开拓运输系统通过横跨采空区建立，可以克服内排时期端帮运输通路压煤的问题，提高露天煤矿的端帮帮坡角，增加端帮煤的回收，降低生产剥采比，减少汽车运距，增加企业的经济效益。周伟等针对露天煤矿转向期间内排空间不均衡、剥离物运输距离加大的情况，分析了采区间搭桥设置，提出剥离物是否通过桥运输的判别方法和筑路式组沟开拓运输系统的布置形式，研究了反向内排的布置要素。才庆祥等提出了实效边坡理论，通过若干露天采矿技术措施，缩短边坡暴露时间，提高设计帮坡角，形成既能体现综合效益，又能保证安全生产的露天煤矿采场帮坡；时效边坡突破了传统边坡的概念，将工程的时间性考虑在其中，在传统的露天开采中将边坡设计的永久性过渡到设计的时效性，实现了从理论上对工程边坡的跨越式突破，同时在工程技术上，时效边坡的提出为提高端帮的帮坡角，实现靠帮开采提供了理论支持。韩流等对露天煤矿端帮易滑区靠帮开采问题进行了研究，提出了垂直和平行端帮走向推进的 2 种条分式靠帮开采方法，建立了确定最佳采掘带宽度的分析系统。李崇等基于实效边坡理论对露天煤矿端帮"呆滞煤"回采的问题进行了研究，建立了露天煤矿端帮"呆滞煤"回采的经济评价模型。高更君对露天采矿—复垦作业一体化的作业模式、作业实施、作业优化与控制、作业经济效益等方面进行了研究，提出了复垦规划设计模型和一体化的工艺系统，建立了优化表土资源和复垦利用结构的线性规划模型。Sharma D K 等根据 Ramganj mandi 矿区的自然和文化属性，建立了土地利用方向的计算机模型，为该矿区采后复垦及土地利用方向的最佳决策提出了快速、便捷的分析工具。Bellmann K 以德国 LUSATIAN 露天煤矿为例，利用最优控制理论及分步建模原理，建立了一个由社会—经济模块、景观模块等 7 个不同尺度的模块组成的决策支持系统，为该地区的景观恢复和改善经济及社会条件，对该地区的生态及经济进行了评价。丁立明对露天煤矿复合煤层选采理论与方法进行了研究，提出了复合煤层选采的工艺与设备选择原则和选采厚度确定方法，建立了复合煤层选采决策模型。王建国等提出露天煤矿绿色开采的基本思路是克服先开采后治理的传统模式，即露天开采要与露天煤矿生产过程中所形成的固体环境、水体环境、大气环境、生态环境整体化、全过程综合考虑，达到全局优化和可持续协调共赢的目的，使矿区的固体环境、水体环境、大气环境及生态环境灾害最小、治理费用较小的条件下，露天煤矿的经营成本合理、经济效益较大，从开采源头开始控制煤炭开采对生态环境的破坏，建立露天煤矿开采的新模式；研究还提出了露天煤矿"绿色因子"的概念，将"绿色因子"定义为：露天煤矿采用绿色开采技术时，生产成本中用于治理固体环境、水体环境、气体环境和生态环境的成本与传统开采生产成本的比值（%）；但并未对绿色因子与露天矿绿色开采的整体水平之间的关系及评价方法进行深入研究。

1.4　露天煤矿开采扰动效应研究的内容及意义

1.4.1　研究内容

本书主要从以下几个方面对露天煤矿开采扰动效应评价理论进行研究。

1. 提出"露天煤矿开采扰动指数"的概念

根据露天开采特点，分析露天开采过程对外部"环境"产生的"扰动"，根据扰动范围、扰动方式和扰动产生的影响，提出"露天煤矿开采扰动指数"的科学定义。

2. 露天煤矿开采扰动效应评价指标体系的构建

露天开采对外部"环境"产生的"扰动"因环境要素的不同、矿山所处地理位置的不同、周边生态环境类型的不同而表现出较大差异，因此必须建立完整的"露天煤矿开采扰动效应评价指标体系"以量化和评价露天煤矿开采对外部要素的扰动程度。

3. 露天煤矿开采扰动效应评价模型的研究

建立各评价指标的算法以实现扰动程度的量化。因建立的评价指标体系包含多个评价指标，且各指标的影响程度因露天矿所处地理位置和矿山的具体条件而产生的影响也各有不同，属于多因素综合评价范畴，所以需要建立指标体系的综合评价方法以及评价准则，以实现多因素综合评价结果的一致性和科学性。

4. 露天煤矿绿色开采技术及其对开采扰动指数的影响研究

总结阐述相邻露天煤矿协调开采技术、陡帮开采技术、内排土场增高扩容技术、控制开采技术、端帮靠帮开采技术、内排搭桥技术、露天煤矿采复一体化技术、开采工艺及装备技术等露天煤矿绿色开采技术的核心理论和实施途径，分析它们对扰动效应的影响。

5. 中国典型露天煤矿开采扰动效应评价实证研究

在对准能公司黑岱沟、哈尔乌素露天煤矿以及国内其他已经建成的大型、特大型露天煤矿进行调研的基础上，运用露天煤矿开采扰动效应评价理论进行实证研究，评价国内典型露天煤矿开采扰动指数的水平，并指出露天煤矿开采扰动效应评价理论的发展方向，实例的研究是评价理论科学性和可用性的验证。

1.4.2 研究意义

国内外关于露天煤矿污染及防治措施、生态恢复重建、露天开采的环境代价核算以及露天煤矿绿色开采技术等方面均已经有了较充分的研究，应用了先进多样的研究方法，研究内容各有侧重，形成了丰厚的理论积累和实践经验；但是所有的理论还是以点的形式存在，只是为了解决单一方面的问题而提出的特定技术。许多学者从生态资源占用及可持续发展的角度对矿产资源开发产生的环境压力量化问题进行了研究。研究的方法是以生态生产性土地面积作为衡量矿山企业生产过程中需要消耗的各种资源以及排放的废弃物多少的统一标准，并与矿区生态承载力进行比较，从而判断矿区可持续发展的状态。研究主要侧重于矿区的生态可持续性方面，与露天开采技术决策的关联性不强。因此，国内学者在矿山环境压力量化研究成果的基础上将生态成本内化，纳入到露天煤矿技术方案整体评价之中，实现了矿山技术决策的"经济—生态"一体化优化。但目前生态成本并未作为矿山实际生产成本的一部分被纳入到成本核算的体系中，且生态成本计量方法种类繁多，并未形成统一标准，所以关于生态成本计量及内化的方法目前尚无法在实际的技术方案决策中得到广泛应用。在这样的背景下，建立一种能够客观、定量化评价露天煤矿开采活动对外部要素的扰动程度强弱并能够独立于经济评价之外付诸实施的方法，就显得十分迫切和重要，且具有重要的理论和现实意义。

从理论层面分析，开展露天煤矿开采扰动效应评价理论的研究，可以弥补以往的研究仅关注矿区生态可持续性的不足，为整体评价露天煤矿开采对外部要素的扰动效应强弱并有效指导实际技术决策提供了新的思路。不仅有助于露天煤矿绿色开采技术发展策略的制定，而且为生态文明背景下露天煤矿开发模式的思考和再评估提供新的理论和方法。

从实践角度来看，科学引导露天矿山企业适应外部环境约束、实现全面协调可持续发展，要求人们必须能够对露天煤矿开采过程与外部要素之间的相互影响程度及状态实施度量，清楚了解扰动程度所处的水平；距离同行业先进水平以及本矿山的管理目标还有多远；现行的或正在制定的政策、措施是否有利于提升在同行业之中的水平，是否有利于目标的实现。只有这样，决策者才可能设定具体的、客观的发展和管理目标，对露天煤矿开采过程进行适时的监控和动态的优化调整，把露天煤矿开采对外部要素的影响调整或保持在合适的轨道上，以"绿色开采"的视角规划露天煤矿的开采方式和发展战略。

为了解决这一系列问题，建立完整的露天煤矿开采扰动效应评价理论，进行露天煤矿开采扰动效应理论的研究是十分必要的，目前这方面的研究基本还是空白。

2　露天煤矿绿色开采技术基础

现阶段，国际上主要煤炭生产国（包括中国）均以国家资源战略为指导，在注重绿色、安全、高效开采等方面的同时，建立完善的煤炭勘探、开采、利用等机制，将绿色开采的理念贯穿于整个产业链的始终。煤炭开采作为能源生产及消耗的源头，通过对采煤工艺和方法、岩层控制等方面技术的研究，逐步改变了传统采煤工艺造成的安全和环境问题，促进了煤炭资源的低碳、高效、环保和安全开采，实现"边开采边保护"，明令禁止"先污染后治理"的开采方式。

自钱鸣高院士及其研究团队提出绿色开采概念以来，国内学者对相关理论和技术关系展开较为广泛的研究。根据可持续发展和"绿色开采"理论框架，逐步形成了保水开采、充填开采、煤层地下气化、矿区土地复垦与生态重建一体化等一系列全新的采矿研究方向和理论技术成果。此外，学者们还针对与绿色开采相关联的技术经济体系开展了广泛的讨论。随着研究的深入，绿色开采的相关技术体系内涵和外延逐渐成熟。

我国露天煤矿基本为水平或近水平埋藏，采用分区开采、压帮内排方式，沿用半个多世纪的露天煤矿设计理论与方法已不能满足现代化露天煤矿建设的需要。因此，秉承钱鸣高院士提出的煤炭资源科学开采与绿色开采理念，积极研发露天煤矿靠帮开采技术、高陡时效边坡稳定性分析理论与技术、反向内排与中间搭桥运输系统设置技术、采矿与生态重建一体化理论与技术、低碳工艺技术、复杂煤层选采与保水开采技术、降尘抑尘技术，形成露天煤矿绿色开采技术体系，对发展我国露天煤矿开采理论与技术具有重要意义。

2.1　相邻露天煤矿协调开采技术

2.1.1　定义

相邻露天煤矿协调开采技术是指同一煤田相邻两个露天煤矿，在研究两矿开采现状和技术条件的基础上，考虑两矿剥采排发展程序和生产规模、剥采比控制的要求，协调控制工程位置，贯通两矿采场以开采境界重叠区边帮压煤，贯通两矿内排土场以扩大排土场容积，建立临时排土桥以保证采场与内排土场的运输联系，实现两矿在设计、生产、管理等方面的联合开采技术。

2.1.2　目的与意义

由于受到空间关系的限制，同一煤田相邻两个露天煤矿在未来生产中必将长期面临生产系统相互交叉、生产设备得不到充分利用、排土空间不能互相弥补、卡车运距较远、增加二次剥离量等问题，因此在同一煤田相邻两个露天煤矿进行协调开采是非常有必要的，具体体现在如下几个方面：

（1）贯通两矿采场，可开采境界重叠区边帮压煤，最大限度地回收煤炭资源量，延长矿山服务年限，且端帮压煤开采剥采比小，开采成本低。

（2）贯通两矿排土场，可尽早有效地扩大和利用排土空间，缩短剥离运距，降低生产成本，有效缓解排土空间紧张、剥离运距大的被动局面。

（3）贯通两矿采场，可消除端帮滑坡与煤炭自燃隐患，有利于安全生产，也避免了工程位置超前者形成的高大内排土场对工程位置滞后者安全生产的威胁。

2.1.3　关键技术

相邻露天煤矿回采境界重叠区边帮压煤，必须实施联合协调开采，为边帮压煤的回采在空间上、时间上、运输道路布置上创造条件。为此，需要研究解决两矿采场工作线的协调布置和发展方式问题，内排土场工作线的协调布置和发展方式问题，运输系统协调布置、工程位置协调控制等协调开采问题。

1. 贯通两矿采场开采境界重叠区边帮压煤

在相邻露天煤矿独立开采的情况下，由于相邻边帮的存在，形成了边帮压煤区。为了消除两矿境界重叠区边帮压煤的产生，提高资源回收率，降低生产成本，需要协调两矿剥离工程位置的布置与推进，尽量使两矿采场工作线的布置和发展方式一致。

当两矿剥离与排土工作线位置、发展方式及推进速度大体一致，或短时间内能过渡到同步推进时，可以完全消除两矿相邻端帮，贯通两矿采场和排土场，使独立开采时存在的边帮压煤通过联合协调开采的方式，以较低的成本在内排前随工作帮的推进顺利采出。

当两矿剥离工程位置为超前与滞后的关系，且短时间内不能过渡到同步推进，不能完全消除两矿相邻端帮时，可以降低两矿相邻端帮的高度，部分贯通两矿采场，使独立开采时存在的边帮压煤通过联合协调开采的方式，随剥离工程超前的露天煤矿的工作帮推进顺利采出。

2. 贯通两矿排土场扩大排土场容积

排土空间不足通常是影响露天煤矿开采的主要因素，在相邻露天煤矿独立开采的情况下，由于相邻端帮的存在，以及两矿剥采排工程在发展过程中时空关系不一致，生产中相互影响、相互干扰较大，致使排土空间很难得到充分利用。消除或降低两矿相邻端帮，贯通或部分贯通两矿剥离运输通路，实施协调排土，使两矿的排土空间得到充分利用，减少外排征地，缩短运输距离，降低生产成本。

3. 建立临时排土桥保证采场与排土场的运输联系

当两矿剥离与排土工作线的布置、发展方式及推进强度大体一致，或短时间内能过渡到同步推进时，消除两矿相邻端帮，贯通两矿采场和排土场，导致两矿独立开采时由相邻端帮去向内排土场的运输道路被切断，同时由于采场和排土场的贯通，工作线长度加大，运距显著增加，经济上不合理。为此，通过在采场与排土场之间修筑临时排土桥，重新建立采场与排土场的运输联系，以缩短运距，降低生产成本。

当两矿剥离工程位置为超前与滞后的关系，且短时间内不能过渡到同步推进时，降低两矿相邻端帮的高度，部分贯通两矿采场，两矿保留的公共端帮作为临时排土桥，保证采场与排土场的运输联系，以缩短运距，降低生产成本。

露天煤矿运输成本在矿石总成本中占有很大比例，运输成本主要受到剥离物运输距离与提升高度的影响。两矿采场贯通以后，临时排土桥选择参数、位置不同，将导致剥离物的运输距离与提升高度不同，进而影响运输成本。因此，针对相邻露天煤矿工程发展的具体情况，合理优化临时排土桥数量以及排土桥构筑—拆除的演变过程与采剥工程的时空关系具有重要的经济意义。

4. 协调控制工程位置

由于两矿地质条件、煤炭产量、剥采比、生产系统能力的差异，在实施协调开采过程中，必须统一编制设计剥、采、排工程进度计划，协调控制工程位置和推进强度。

2.1.4 对外部要素的影响

1. 对土地环境的影响

贯通两矿内排土场，可尽早有效地扩大和利用内排空间，减小了外排土场产生的土地压占强度，减小了剥离物外排强度。

贯通两矿采场，以协调开采的方式开采相邻端帮下面的压煤量，减小了剥采比，减小了土岩剥离强度。

2. 对大气环境的影响

贯通两矿内排土场，增大了内排量，缩短了运距，减小了运输道路产生的粉尘排放强度，增大粉尘收集率，减小了运输车辆产生的气体污染物当量排放强度及能耗强度指标。

贯通两矿采场，可避免相邻端帮煤炭自燃的隐患，减少了煤炭自燃产生的气体污染物当量排放强度。

3. 对噪声与振动的影响

贯通两矿内排土场，增大了内排量，缩短了运距，减少了运输设备运输时产生的噪声与震动。

4. 对生态环境的影响

贯通两矿采场，可消除相邻端帮滑坡地质灾害，一定程度上提高了该区域的生态环境状况指数值。

2.2 陡帮开采技术

2.2.1 定义

陡帮开采是指在矿山开采过程中，把剥离台阶分为工作台阶和暂不工作台阶，要求工作台阶的平盘宽度大于或等于最小工作平盘宽度，而暂不工作的台阶只需满足安全生产及布置运输通道的要求，尽量减小其宽度。因此，陡帮开采是通过控制暂不工作台阶数并减小它们的平盘宽度实现加陡剥离工作帮坡角，在采出相同煤量的基础上尽量减少剥离量的。剥离工作帮坡角加陡的程度，从大于一般工作帮坡角直到接近最终帮坡角。

2.2.2 常用方法

陡帮开采的常用方法为组合台阶开采。组合台阶开采的基本方式是将工作帮上的开采台阶划分为若干组，每组由若干个台阶组成，包括一个工作台阶和一个或多个暂不作业台阶，在每组台阶内由上而下逐台阶作业。组合台阶构成示意图如图 2 - 1 所示。

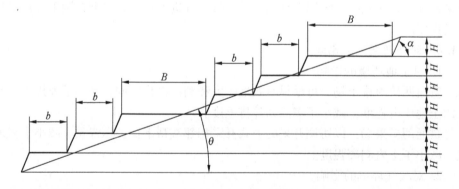

B—组合台阶工作平盘宽度，m；*b*—组合台阶暂不作业台阶宽度，m；*H*—台阶高度，m；
θ—工作帮坡角，(°)；*α*—台阶坡面角，(°)
图 2 - 1　组合台阶构成示意图

通过增加暂不工作台阶数量来提高工作帮坡角是实现陡帮开采的主要途径之一。通常来讲，一组组合台阶内台阶数越多，工作帮坡角就越大，但随着台阶数的增加，电铲调动频率随之增加，效率随之降低。所以，一组组合台阶由几个台阶组成要根据生产规模、设备生产能力、工作线长度、工作线年推进速度、台阶总数以及现有端帮运输系统等因素来确定。

2.2.3　组合台阶的开采程序

每组组合台阶中，只有一个平盘具有正常穿爆、采装和运输的能力，其余平盘一般只具有运输能力。下面仅就 3 个台阶组成的组合台阶的开采程序加以叙述。

组合台阶开采程序如下：

（1）电铲在组合的最上部台阶（即主台阶）沿工作线方向进行采剥作业（图 2 - 2a）。

（2）电铲沿工作线方向行走至工作面尽头，并达到设计所要求的组合台阶的工作平盘宽度（图 2 - 2b）。

（3）电铲进行破段（或由辅助设备完成），使剥采工程由主台阶延深到上分台阶水平，此时主台阶的工作平盘宽度由于电铲在下部台阶的延伸拓宽而变窄成了运输平盘宽度，原来上分台阶的运输平盘宽度延伸拓宽一个采宽变成了工作平盘宽度（图 2 - 2c）。

（4）电铲在上分台阶沿工作线进行采剥作业（图 2 - 2d）。

（5）电铲沿工作线方向行走至工作面尽头，并达到设计所要求的组合台阶的工作平盘宽度（图 2 - 2e）。

（6）电铲将原来由主台阶延深到上分台阶的出入沟铲挖（图 2 - 2f）。

（7）电铲在下分台阶挖掘开切口，此时上分台阶的工作平盘宽度由于电铲在下分台阶的延伸拓宽变窄成了运输平盘宽度，原来下分台阶的运输平盘宽度延伸拓宽一个采宽变成了工作平盘宽度（图 2 - 2g）。

（8）电铲在下分台阶沿工作线进行采剥作业（图 2 - 2h）。

（9）电铲沿工作线方向行走至工作面尽头，并达到设计所要求的组合台阶的工作平盘宽度，电铲回头开拓由下分台阶到上分台阶的出入沟（或由辅助设备完成）（图 2 - 2i）。

（10）至此，电铲自上而下完成了一个采掘循环，电铲行走到下一个循环的最上部台阶（即主台阶），沿工作线方向进行采剥作业，开始下一循环（图 2 - 2j）。

2.2.4　对外部要素的影响

1. 对土地环境的影响

陡帮开采增大了工作帮坡角，推迟了部分地表挖损发生的时间，减少了土地挖损强度、单位时间内的土岩剥离强度和采掘场境界面积指数，增大了土地挖损恢复率和单位时间内的内排采空区面积指数。

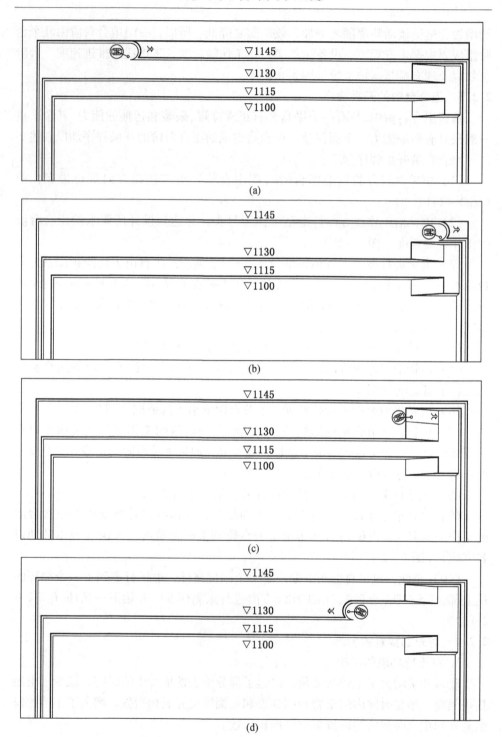

(a)

(b)

(c)

(d)

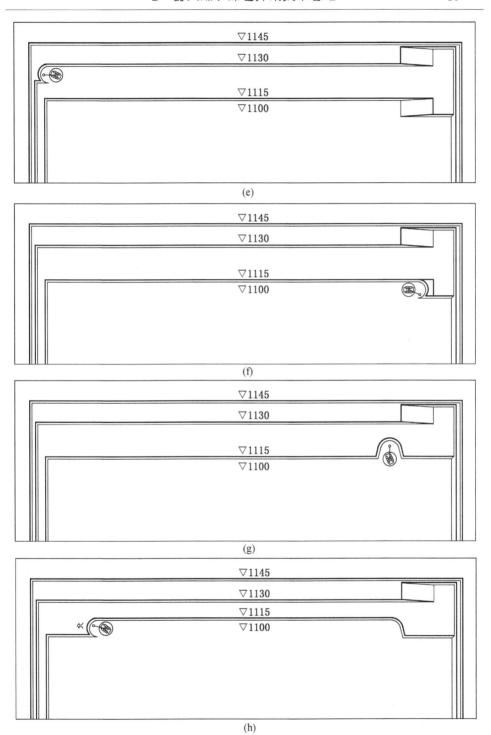

(e)

(f)

(g)

(h)

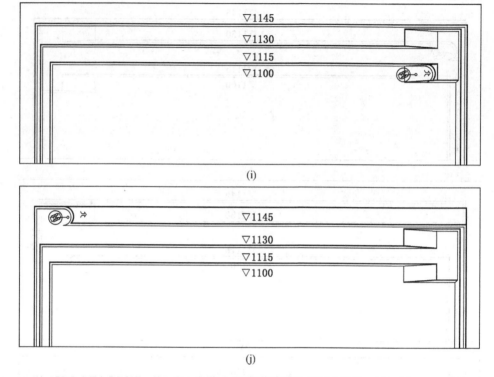

图 2 - 2　组合台阶开采程序示意图

2. 对大气环境的影响

陡帮开采增大了工作帮坡角，减小了生产剥采比，缩短了运距，减小了采场及运输道路产生的粉尘排放强度，增大了粉尘收集率，减小了运输车辆产生的气体污染物当量排放强度及能耗强度指标。

3. 对水环境的影响

陡帮开采推迟了部分地表挖损发生的时间，可以在一定程度上保护周边的地表水和地下水资源，控制水土流失和土地沙化，减小单位时间内的坑下排水强度。

4. 对噪声与振动的影响

陡帮开采增大了工作帮坡角，推迟了部分地表挖损发生的时间，缩短了运距，减少了运输设备运输时产生的噪声与震动。

5. 对生态环境的影响

陡帮开采增大了工作帮坡角，推迟了部分地表挖损发生的时间，一定程度上提高了该区域的生态环境状况指数值。

2.3 内排土场增高扩容技术

2.3.1 定义

内排土场增高扩容是指在采取切实可行的技术措施和保证边坡稳定的情况下，合理增高内排土场总排弃高度，以提高内排土场收容能力。

2.3.2 实现过程

内排土场增高扩容是否可行，需要评价增高后的边坡稳定条件能否满足安全储备系数的要求，确定增高后的边坡是否稳定，从而保证矿山的安全生产。具体实现过程如下：

1. 分析影响增高后的排土场边坡稳定的主要因素

影响排土场稳定性的主要因素有排土场基底的工程性质、水文地质因素、采矿活动、排土方法、排土台阶与排土场高度、外载荷、排弃物料的物理力学性质以及气候因素等。

2. 分析增高后的排土场滑坡模式

边坡矿滑坡破坏模式主要有曲线型滑坡破坏和组合滑动破坏两种。前者主要存在于第四系土层、排土场及采场岩质无明显弱层的边坡；后者主要存在于岩质且含有明显软弱夹层的边坡。

3. 优化分析增高后的排土场排土参数

采用极限平衡分析、数值分析等方法对排土参数进行优化分析，安全储备系数或者说稳定系数是边坡分析过程中的一个定量参数，它直接关系到边坡参数的经济性与安全性。《煤炭工业露天煤矿设计规范》(GB 50215—2015) 第6.0.8条明确规定了边坡稳定性安全系数 F_s 的选用范围。

4. 确定增高后的排土场排土参数

基于排土参数优化分析，综合考虑排土场地质条件、采矿条件、地下采空区分布情况、气候条件、岩土物理力学性质、运输及排弃方式以及排土场地形地貌等因素，并参考初步设计、排土规划等文件资料，确定排土场增高优化后的排土参数。

2.3.3 增高后的排土场边坡稳定的控制措施

排土场增高后虽然能增加排土场的收容能力，提高了经济效益，但同时排土场的边坡稳定也产生了一定的风险。因此，为保证增高后的排土场的边坡稳定，必须采取以下控制措施：

1. 做好排土场及其周边的排水疏干工程

水是影响基底层强度的主要因素，必须加强排土场及其周边的排水疏导工程，在排土场沿帮外设立地表排水沟，将外部来水截断，阻止外部积水进入排土场内部，使排土场处于稳定状态。

2. 及时回填和压实边坡表面的裂缝及沉陷

排弃物料在沉降固结的过程中，由于变形的不均衡性导致在边坡表面形成了裂缝和沉陷。当排土场出现沉陷与裂缝时必须及时回填压实，以避免大气降水及地表水通过裂缝大量渗入排土场中。

3. 加强排土场边坡的日常监测工作

对增高的排土场边坡要建立日常的巡查监测制度，特别是雨季或排土场上出现沉陷及裂缝时，应及时发现问题并采取预防措施。

4. 加强排土工艺优化研究并适时改进

排土工艺对排土场边坡稳定也具有极其重要的影响作用。合理优化排弃方式、排弃速度、排弃物料的堆放程序等排土工艺，将有助于提高排土场剥离物料的强度、承载力，避免弱层强度下降等。因此，不仅要在采矿原始设计中考虑排土工艺，还要在生产过程中根据边坡发展状态适时调整排土工艺，及时排除不稳定因素。

2.3.4　对外部要素的影响

1. 对土地环境的影响

内排土场增高扩容增加了内排土场的排土量，减少了外排土场土地压占强度，减少了剥离物外排强度。

2. 对大气环境的影响

内排土场增高扩容减少了外排量，缩短了运距，减小了运输道路产生的粉尘排放强度，增大了粉尘收集率，减小了运输车辆产生的气体污染物当量排放强度及能耗强度指标。

3. 对噪声与振动的影响

内排土场增高扩容减少了外排量，缩短了运距，减少了运输设备运输时产生的噪声与震动。

4. 对生态环境的影响

内排土场增高扩容减少了外排土场土地压占强度，一定程度上提高了该区域内的生态环境状况指数值。

2.4　控制开采技术

2.4.1　定义

控制开采技术是指为了回采边坡易滑区下面的煤炭资源，基于边坡变形破坏不仅受重力及底滑面控制，还受侧滑面约束的原理，利用边坡变形的时效性特征，在边坡变形期间，在控制变形速率的条件下，实现快速采煤、快速回填，在边坡加速变形之前完成煤炭开采的技术。

2.4.2 核心理论

露天煤矿边坡从开挖暴露到被掩埋是一个动态过程。内排土场的推进是对端帮边坡的永久性加固，可以通过调整采矿参数来控制边坡的暴露面积和暴露时间，即端帮边坡具有时效性。因此，控制开采技术的核心理论是时效边坡理论。

时效边坡理论是针对大型近水平及缓倾斜煤层的露天煤矿所特有的一种资源回收方式。该理论充分考虑岩体强度随时间的变化规律，从三维、动态的角度进行边坡稳定性评价，并结合评价结果进行边坡结构和采矿方案的设计。

2.4.3 易滑区资源回收技术

露天煤矿在端帮存在明显弱面或出现局部滑坡迹象时，为了安全回采煤炭，采用"短工作线、高强度推进、快速回填"技术，首先开采第一幅，迅速回填采空区，然后开采第二幅，实现易滑区煤炭资源的安全回采。易滑区煤炭开采顺序示意图如图 2－3 所示。

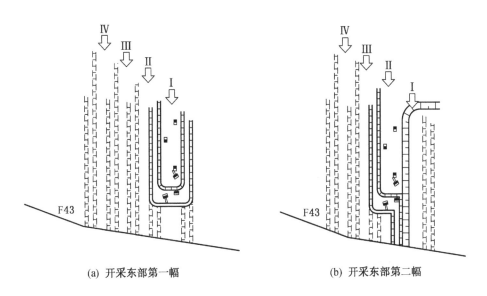

(a) 开采东部第一幅　　　　　　　(b) 开采东部第二幅

图 2－3　易滑区煤炭开采顺序

2.4.4 对外部要素的影响

1. 对土地环境的影响

控制开采增大了工作帮坡角，减少了土地挖损强度、单位时间内的土岩剥离强度和采掘场境界面积指数，增大了土地挖损恢复率和单位时间内的内排采空区面积指数。

控制开采增大了内排空间，减少了外排土场的土地压占强度，减少了剥离物外排强度。

2. 对水环境的影响

控制开采增大了工作帮坡角，减少了土地挖损强度，在一定程度上保护周边的地表水和地下水资源，控制水土流失和土地沙化，减小单位时间内的坑下排水强度。

3. 对大气环境的影响

控制开采增大了内排空间，缩短了运距，减小了采场及运输道路产生的粉尘排放强度，增大了粉尘收集率，减小了运输车辆产生的气体污染物当量排放强度及能耗强度指标。

4. 对噪声与振动的影响

控制开采增大了内排空间，缩短了运距，减少了运输设备运输时产生的噪声与震动。

5. 对生态环境的影响

控制开采可消除端帮滑坡地质灾害，一定程度上提高了该区域的生态环境状况指数值。

2.5　端帮靠帮开采技术

2.5.1　定义

端帮靠帮开采技术是指开采近水平及缓倾斜煤矿床时，根据内排压帮提供的边坡时效性，在采掘工作帮和内排土工作帮之间一定时期内暴露的边帮上，在保证露天煤矿边坡安全和正常生产的情况下，采用一定的开采方法，提高资源回收率或降低剥离量，以减小剥采比的开采技术。

2.5.2　必要条件

实施端帮靠帮开采应具备以下几个条件：

（1）端帮边坡角在保持稳定的情况下有加大的可能，这是能够实现端帮开采的必要条件。

（2）实施端帮靠帮开采的部分必须要有经济效益，即在开采的部分要使剥采比小于经济合理剥采比。

（3）靠帮开采时端帮空间要能够保证开采工艺的布置以及符合设备作业空间的要求，而且应尽量避免对正常采场工作面采剥作业的干扰。

2.5.3　基本方式

端帮靠帮开采有下部境界外扩法、上部境界收缩法、下部边坡外扩陡帮法和边坡内缩陡帮法4种基本方式，靠帮开采示意图如图2-4所示。

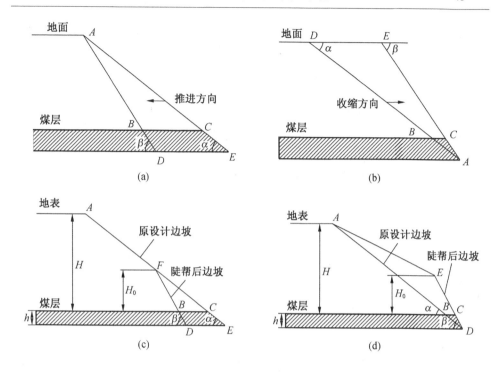

图 2-4 靠帮开采示意图

1. 下部境界外扩法

上部境界不动，下部境界向外推进，如图 2-4a 所示，AE 为原设计边坡，AD 为靠帮后边坡。该方法能够多采出煤炭，同时采出该部分煤炭的剥采比也小于正常的生产剥采比，有较好的经济效益。下部境界外扩法需要从最上部平盘到最下部平盘依次扩帮，而上部平盘宽度较窄，设备作业效率降低，影响整个工作线推进强度。该种靠帮方式将会影响每一个平盘的运输，不便于矿山的生产管理。

2. 上部境界收缩法

下部境界不动，上部境界向内缩进，如图 2-4b 所示，AD 为原设计边坡，AE 为靠帮后边坡。该方法在边坡上部没有到界的情况下才可以采用，在丢弃一部分煤炭资源情况下，减少较多剥离量，并且该部分的剥采比大于正常剥采比。该种方法也会影响所有平盘的生产和运输，降低设备作业效率。

3. 下部边坡外扩陡帮法

上部边坡不动，下部边坡局部陡帮（底部境界收缩的凸边坡），即上部境界不动，从中部某一个水平开始，下部向外推进，如图 2-4c 所示。相对于下部境界外扩法，该种方式不需要从最上部平盘开始扩帮，而是从中间某一个水平开始扩帮作业，因而对上部工作线的推进没有影响，更有利于现场实施。由于该种方式保留了上部平盘，道路运输不会受到影响。

4. 边坡内缩陡帮法

底部和顶部境界都不变，帮坡台阶向内收缩实行陡帮开采（顶部、底部境界不动的凸边坡），如图 2 - 4d 所示。该种陡帮方式可以在损失少部分煤炭资源的条件下实现少剥离岩石的目的，能够节省矿山的生产投入。相对于上部境界收缩法，其凸边坡的断面形式边坡稳定性更好。

2.5.4　对外部要素的影响

1. 对土地环境的影响

端帮靠帮开采增大了工作帮坡角，减少了土地挖损强度、单位时间内的土岩剥离强度和采掘场境界面积指数，增大了土地挖损恢复率和单位时间内的内排采空区面积指数。

控制开采增大了内排空间，减少了外排土场土地压占强度，减少了剥离物外排强度。

2. 对水环境的影响

端帮靠帮开采增大了工作帮坡角，减少了土地挖损强度，在一定程度上保护周边的地表水和地下水资源，控制水土流失和土地沙化，减小单位时间内的坑下排水强度。

3. 对大气环境的影响

端帮靠帮开采增大了内排空间，缩短了运距，减小了采场及运输道路产生的粉尘排放强度，增大了粉尘收集率，减小了运输车辆产生的气体污染物当量排放强度及能耗强度指标。

4. 对噪声与振动的影响

端帮靠帮开采增大了内排空间，缩短了运距，减少了运输设备运输时产生的噪声与震动。

5. 对生态环境的影响

端帮靠帮开采减小了单位时间内的土地挖损面积，一定程度上提高了该区域的生态环境状况指数值。

2.6　内排搭桥技术

2.6.1　定义

内排搭桥技术是指水平、近水平露天煤矿卡车运输内排时期下部水平开拓运输系统由传统的双环内排（绕两侧端帮建立内排运输环线）或单环内排（绕一侧端帮建立内排运输环线）的方式改为通过在采场中部横跨采空区建立临时排土桥的方式，建立采场与排土场的运输联系，以缩短运距，降低生产成本的开采技术。

2.6.2 搭桥方式

搭桥方式分为中间搭单桥、中间搭双桥和混合式搭桥。其中中间搭单桥和中间搭双桥是两种基本的迈步搭桥方式，混合式搭桥是在二者的基础上组合而来的。

1. 中间搭单桥

下部水平内排运输通路通过横跨采空区的一个中间桥和在采场下部水平两侧端帮含煤台阶，按边坡稳定条件靠帮开采后回填剥离物交替连接贯通。当横跨采空区的中间桥连通后，采端帮含煤台阶并靠帮，然后用剥离物回填，连接贯通端帮位置的运输通路；当端帮运输通路连通后，采横跨采空区中间桥所压的滞后煤，随着工作帮的推进，交替向前推进发展。中间搭单桥迈步推进示意图如图2-5所示。

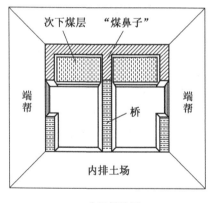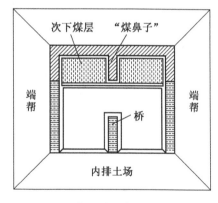

(a) 中间桥连通　　　　　　　　　　(b) 推进过程采断中间桥

图2-5　中间搭单桥迈步推进示意图

2. 中间搭双桥

下部水平内排土运输通路通过横跨采空区的两个中间桥连接贯通。采场下部水平两侧端帮含煤台阶按边坡稳定条件靠帮开采后不回填建立内排运输通路。当左侧桥连通后，将右侧桥所压的滞后煤采出；当右侧桥连通后，将左侧桥所压的滞后煤采出。随着工作帮的推进，两中间桥交替使用向前推进发展。中间搭双桥迈步推进示意图如图2-6所示。

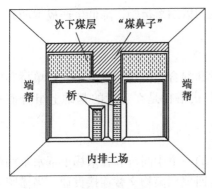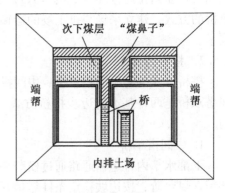

(a) 连右桥断左桥　　　　　　　　　　　(b) 推进过程连左桥断右桥

图 2-6　中间搭双桥迈步推进示意图

2.6.3　利弊分析

与端帮双环内排相比，中间迈步式搭桥开拓运输系统的优缺点如下：

（1）减少土岩绕端帮时的运输距离、降低运输成本。

（2）可以在两端帮进行陡帮开采时保持土岩排弃通路的畅通，提高露天煤矿端帮残煤回收率，增加经济效益，保证矿山生产正常进行。

（3）在矿岩运输过程中，因为土岩运输车辆在煤层顶板经过，较大限度地减少了其长时间接触煤层的机会，降低了土岩运输对煤质的影响。

（4）由于桥面位于较低水平，桥面上部需要通过搭桥排弃土岩的岩石台阶会形成一部分反高程运输，增加运输成本。

（5）桥体将原来一个采煤工作面分割为两侧，因此随着矿山工程的进行，两侧的煤炭要设立独立的运输通路进行运输。

（6）桥体的土岩会造成二次剥离，需要支付额外的费用。

2.6.4　对外部要素的影响

1. 对大气环境的影响

内排搭桥技术减少了土岩绕端帮时的运输距离，减小了运输道路产生的粉尘排放强度，增大了粉尘收集率，减小了运输车辆产生的气体污染物当量排放强度及能耗强度指标。

2. 对噪声与振动的影响

内排搭桥技术减少了土岩绕端帮时的运输距离，缩短了运距，减少了运输设备运输时产生的噪声与震动。

2.7　露天煤矿采复一体化技术

2.7.1　定义

露天煤矿采复一体化技术是指综合运用采矿工程和环境工程等相关专业知识与技术，对矿山工程和生态环境重建进行统一的评价、规划与设计，使得矿山工程与生态环境重建在工艺、工序和时空关系上协调发展的有序动态过程。

2.7.2　目标与意义

针对目前土地复垦与生态恢复严重滞后于露天煤矿开采的现象及其不利影响，露天煤矿采复一体化技术将真正实现"边开采边治理，边开采边受益"的效果，达到露天开采与土地复垦一体化，即剥离、排弃、造地、复垦一条龙作业模式。在矿山开采的过程中使排土与复垦同时进行，不仅恢复了土地的使用价值，而且使得恢复的场所能够保持环境的优美和生态系统的稳定，实现经济与生态环境的协调发展。

2.7.3　工艺过程

露天煤矿采复一体化具有明显的阶段性和过程性，其工艺流程如图2-7所示。

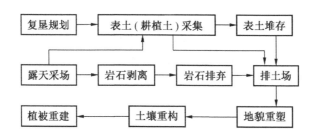

图2-7　露天开采与生态恢复一体化工艺流程图

1. 复垦规划

依据露天煤矿生产计划，确定露天开采与土地复垦一体化作业过程及有关参数，如工艺间的合理配合、表土采集、表土堆存、剥离物排弃、场地平整及表土回填等。

2. 表土采集

在开采过程中对表土进行单独分层剥离，在复垦过程中，再将单独剥离的表土重新利用，堆放至最上部。

3. 表土堆存

　　按照一般的露天采矿程序，采场表土通常被最先剥离并被排弃在排土场的底部。为了满足采矿与土地复垦一体化的作业要求，采场表土是不可再生的有限有用资源，尤其是对地处我国西部生态环境脆弱地区的露天煤矿来说，更是如此。所以露天开采时，将岩石与表土分别堆放，尽量做到回填时保持原有土壤结构。建议表土运至就近堆场储存，尽可能减少其养分流失和结构破坏。

　　4. 地貌重塑

　　针对矿山的地形地貌特点，依托采矿设计、开采工艺和土地损毁方式，通过有序排弃、场地平整、表土回填等措施，在土地损毁后重新塑造所形成的一个新地貌，最大限度地增加耕地面积和抑制水土流失，并消除和缓解对植被恢复和土地生产力提高有影响的限制性因子。地貌重塑是为了确保复垦后土地利用的风险降到最低，保证土地使用的长期安全性和可靠性。

　　5. 土壤重构

　　应用物理、化学、生物、生态工程等措施，重新构造一个适宜的土壤剖面与土壤肥力条件，在较短的时间内恢复和提高重构土壤的生产力，并改善重构土壤的环境质量，从而缩短植被修复过程，加快矿山废地生态重建。

　　6. 植被重建

　　在地貌重塑和土壤重构的基础上，针对矿山不同土地损毁类型和程度，综合气候、海拔、坡度、地表物质组成和有效土层厚度等因素，通过选择物种、配置植被、栽植及管护使重建的植物群落持续稳定的发展。

2.7.4　对外部要素的影响

　　1. 对大气环境的影响

　　复垦种植的植被可以防风固沙，减少了排土场剥离物的裸露时间，减小了排土场产生的粉尘排放强度，增大了粉尘收集率。

　　2. 对水环境的影响

　　排土场复垦所种植的植被可以在一定程度上保护周边的地表水和地下水资源，控制水土流失和土地沙化。

　　3. 对生态环境的影响

　　应用露天煤矿采复一体化技术可以增加露天煤矿采复一体化指数。

　　排土场复垦所种植的植被可以减少土壤侵蚀，增大生态环境状况指数，增加土地压占复垦率。若复垦后的土地的利用等级及经济效益高于原来的土地，则会增大土地生产力弹性系数。

2.8 开采工艺及装备技术

2.8.1 定义

开采工艺及装备技术是指随着露天开采各种工艺理论的成熟和成功经验的不断积累，结合露天煤矿的实际情况和各种先进开采工艺的优势范围，使单个露天煤矿呈现出多种工艺综合应用、装备大型化的局面，即在露天煤矿的不同水平布置不同的开采工艺并配以大型装备，充分发挥各种工艺的优越性，扬长避短，以达到经济效益、生态效益的最大化。

2.8.2 表现形式

我国露天煤矿开采工艺经历了三次大的变革。第一次是新中国成立初期，单斗—铁道和单斗—卡车间断工艺的推广应用，实现了露天采煤的机械化。第二次是改革开放初期，大型单斗挖掘机—矿用卡车的应用，大幅度提高了露天煤矿的生产能力和生产效率。第三次是进入 21 世纪，随着开采工艺及装备技术的充分应用，使各大露天煤矿呈现出多种工艺遍地开花、多种工艺综合应用、装备大型化的局面。主要体现在如下几个方面：

1. 单斗—卡车工艺采运装备的大型化

随着露天煤矿生产规模的扩大，单斗挖掘机逐渐由 WK – 10 等 10 m^3 级扩大到 PH2800 和 BE395 等 30 m^3 级，进一步发展到 PH4100 和 BE395 等 50 m^3 级别。目前国产最大的 75 m^3 级单斗挖掘机已经投入使用，与之相应的卡车也从 100 t 级扩大至 300 t 级。

2. 抛掷爆破和大型拉斗铲无运输倒堆工艺的应用

大型拉斗铲无运输倒堆工艺集采掘、运输和排土作业于一体，将剥离物直接倒堆排弃到露天煤矿采空区，具有设备少、效率高、成本低、可靠性高等显著优势；抛掷爆破技术可将 1/3 以上的剥离物直接抛入采空区，从而进一步提高剥离效率，降低剥离成本。

3. 半连续工艺的广泛应用和形式多样化

露天煤矿半连续工艺由 20 世纪 80 年代应用之初的固定—半固定破碎站采煤半连续工艺，发展成为采煤与剥离并存、坑内和坑外并存、固定—半固定破碎站与移动式破碎机并存的局面；而且半连续工艺的应用更加广泛，绝大多数露天煤矿的煤炭生产都采用了不同形式半连续工艺。

4. 露天煤矿组合开采工艺的应用

随着各种露天开采工艺理论的成熟和成功经验的不断积累，我国的露天煤矿在超大规模和经济效益的驱动下，结合露天煤矿的实际情况和各种先进工艺的优势范围，应用露天煤矿组合开采工艺，使单个露天煤矿呈现出多种工艺综合应用的局面。

2.8.3　露天煤矿组合开采工艺

我国露天煤矿开采工艺是随着开采设备的发展而不断更新的，从新中国成立初期单一的单斗—铁道工艺发展到目前20多种工艺。为了更好地研究不同工艺内部的规律，国内外学者对露天煤矿的开采工艺进行了详细的分类研究，按照物流的连续性可以分成间断工艺、连续工艺和半连续工艺；按照生产环节的组合方式可以分为独立式工艺和合并式工艺；按照工艺的复杂程度可以分为单一工艺和综合工艺（组合工艺）。露天煤矿常用开采工艺见表2-1。

表2-1　露天煤矿常用开采工艺

工艺分类		设备组合方式	工　艺　特　点	工艺适应性
间断工艺	独立式	单斗挖掘机 + 卡车 + 推土机	1. 机动灵活，爬坡能力大 2. 建设速度快，初期投资少 3. 对煤、岩层赋存条件适应性强 4. 运营成本高 5. 环境污染严重	1. 坚硬松散物料 2. 短距离运输
	合并式	吊斗铲倒堆	1. 生产成本低，技术成熟、可靠 2. 设备数量少，维修业务量小 3. 作业效率高，生产能力大 4. 辅助工作量大 5. 对煤、岩层赋存条件要求高	1. 坚硬松散物料 2. 近水平或缓倾斜、赋存稳定、煤层少、地质构造简单的煤层
连续工艺	独立式	轮斗挖掘机 + 带式输送机 + 排土机	1. 作业过程连续，生产能力大 2. 生产效率高，生产成本低 3. 运输成本低 4. 初期投资高 5. 生产系统复杂 6. 对气候、剥离物块度要求苛刻	1. 松软物料 2. 长距离运输
	合并式	轮斗挖掘机 + 运输排土桥		
		带排土臂的轮斗挖掘机		
半连续工艺		单斗挖掘机 + 卡车 + 半固定破碎站 + 带式输送机	1. 生产能力大，生产效率高 2. 初期投资高 3. 生产系统复杂，机动灵活性差	1. 坚硬松散物料 2. 深凹露天煤矿 3. 长距离运输
		单斗挖掘机 + 自移式破碎机 + 带式输送机	1. 生产能力大，生产效率高 2. 运输成本低 3. 初期投资高 4. 生产系统复杂	1. 松软物料 2. 长距离运输

露天煤矿组合开采工艺是指在露天煤矿的不同水平布置不同的开采工艺，充分发挥各种工艺的优点，避开各工艺的缺点。根据我国露天煤矿煤田的赋存条件

和矿山开采工艺的发展规律，大型露天煤矿使用单一工艺已经无法满足露天煤矿规模化高效绿色开采的要求，因此露天煤矿组合开采工艺是露天煤矿当前和未来发展的必然趋势。

按照露天开采物料的层位和性质，将露天开采工作划分为表土剥离、岩石剥离、夹层剥离和采煤四大部分。根据露天煤矿开采工艺各自的适用条件，分析各开采工艺对特定的矿山条件、地质条件、生产特性等方面的适应性，考虑各种工艺固有的限制（矿山工程发展上的制约、开拓运输系统布置上的制约等），以组合的方式进行综合分析，最终确定露天煤矿组合开采工艺的具体方案。

采用计算和统计数据相结合的方式，确定各工艺设备的实际生产能力；结合具体层位的采掘任务量，确定相应工艺的设备数量；结合设备能力、设备投资和设备运营费用，最终确定与露天煤矿组合开采工艺方案相匹配的设备选择方案。

2.8.4 对外部要素的影响

1. 对大气环境的影响

运输设备大型化、采用胶带连续运输以及采用无运输倒堆工艺，减小了运输道路产生的粉尘排放强度，增大了粉尘收集率，减小了运输车辆产生的气体污染物当量排放强度及能耗强度指标。

2. 对噪声与振动的影响

采用胶带连续运输以及无运输倒堆开采工艺，减小了卡车运输环节和运输时产生的噪声与震动。

3　露天煤矿开采扰动效应概述

3.1　露天煤矿开采扰动效应概念

露天煤矿生产过程的本质是大规模的土石方空间移运过程，即将境界内的矿岩以一定的时间和空间顺序采掘出来，将有用的物料（矿物）和暂时无用的物料（剥离物）分别搬运至预定地点，矿物运往选矿厂或冶炼厂，剥离物运往排土场。因此，采掘场及排土场构成了露天煤矿的两大主体工程，而这两大主体工程通过外部运输系统紧密联系起来，构成了露天煤矿采、运、排系统的有机整体。无论露天煤矿采掘场、排土场还是外部运输系统，都随着矿山工程时空关系的发展在不断地变化，呈现出一定的动态性和变化性。

露天煤矿的外部环境主要包括矿区的自然环境、生态环境、经济环境和社会环境，可合称为露天煤矿的“外部要素”。露天煤矿的土石方移运必须投入大量的机械设备和人员方可实现，土石方的移运改变并重塑了矿区的地形、地貌及外部环境，甚至改变了矿区的生态环境，同时露天煤矿开发对当地的经济和社会发展具有重要影响，此即为露天煤矿开采对外部要素的扰动效应。露天煤矿开采的扰动效应示意图如图 3 - 1 所示。

3.2　露天煤矿开采扰动效应特征

根据露天煤矿开采扰动效应概念及其特点，露天煤矿对其外部要素的扰动效应具有双向性、动态性、持续性及可逆性等特征。

（1）双向性：即扰动效应表现的结果可以是积极的正向扰动，也可以是消极的负向扰动，此即为扰动效应的双向性。

（2）动态性：即扰动效应表现的结果是随着采矿工程时空关系的发展在不断变化的，而非一成不变，此即为扰动效应的动态性。

（3）持续性：即扰动效应表现的结果随着时间的推移是持续不断展现的，甚至在对外部环境的扰动效应方面表现出与采矿工程时空发展是否持续无关的特性，如停产或闭坑露天煤矿的煤层自燃、坑内排水、边坡稳定、扬尘等问题，此即为扰动效应的持续性。

（4）可逆性：即扰动效应表现出来的结果是可逆的，其扰动的方向、程度

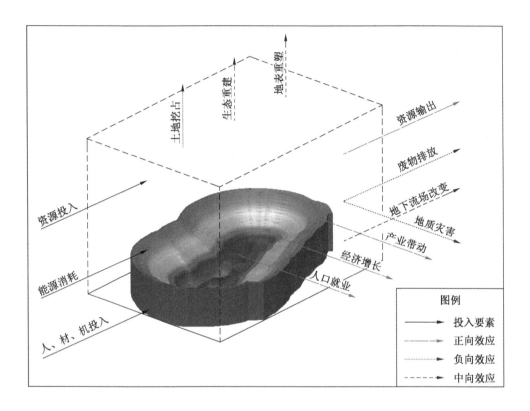

图 3-1 露天煤矿开采的外部效应

及持续时间等与所采用的露天开采工艺、开采技术、开采方法及装备等密切相关，甚至会发生逆转，此即为扰动效应的可逆性。

本研究所指扰动仅为露天开采对外部生态环境系统的扰动效应。露天煤矿开采过程中对外部环境的负向扰动效应是露天煤矿开采活动产生严重环境问题的主要根源，而正向扰动效应是在露天开采过程中通过采取积极的技术和工程措施来对负向效应进行补偿，以减弱扰动效应的负向性。因此，研究露天煤矿开采对外部要素的影响和作用，尤其是定量化揭示露天煤矿开采对外部要素的影响程度并以一个综合性指标予以反映，监测其变化趋势，分析其主要矛盾，制定科学的政策、措施，从而以"绿色开采"的视角科学规划露天煤矿的发展战略具有重要的理论和现实意义。

3.3　露天煤矿开采扰动效应的影响因素

露天煤矿开采扰动效应的影响因素很多，主要有以下两个方面：

（1）煤炭资源赋存条件。如矿区地形起伏情况、冻结期、可采煤层倾角、埋藏深度、原煤容重及煤质特征等。

（2）开采技术及方法。如剥采比、采掘场和排土场的工作帮坡角和最终帮坡角、外排土场使用年限及内排土场跟进情况、开采工艺及设备情况、采运排节能情况、复垦情况、除尘和"三废"处理措施等。

4 露天煤矿开采扰动指数

4.1 露天煤矿开采扰动指数定义

以一个综合性指标来全面、定量化揭示露天煤矿开采活动对矿山外部要素的影响程度及变化趋势是研究露天煤矿开采扰动效应评价理论的核心问题之一。本研究特提出了"露天煤矿开采扰动指数"（Surface Mining Disturbance Index，SMDI）这一综合性指标，以期解决该问题。

露天煤矿开采扰动指数（SMDI）是从广义的角度上来认识和表征露天采矿活动对矿山周边要素扰动程度强弱的综合性指标。其含义是综合考虑开采技术及工艺优化、耗能结构优化、污染物排放及治理、生态破坏及修复、采复一体化及生产组织管理等方面的因素，应用系统工程学、运筹学、能源动力学、采矿学、环境科学和生态经济学等理论解决资源赋存条件、开采技术条件、地域、煤种、污染物种类等的差异性问题，最终以 -100 ~ +100 之间的数值量化露天煤矿开采过程对矿山周边地上环境和地下环境带来的改变程度，使评价结果成为度量露天煤矿开采扰动程度的统一标准。该指标应用的意义是为度量露天煤矿开采扰动程度提供一杆"公平秤"，它能够对时间、空间的扰动程度及变化趋势做出客观量度和比较，使人们能明确知晓距离预定目标尚有多远，今后在减弱扰动效应方面的主要努力方向，从而有助于监测扰动减弱或评价补偿方案实施的效果。

4.2 露天煤矿开采扰动指数特征

从露天煤矿开采扰动指数（SMDI）的概念分析，其具有广义性、特指性、双向性、综合性、同一性和时间性等特征。

（1）广义性：即该指数所指扰动是广义上的扰动，不仅包括对地上自然环境、生态环境的扰动，也包括对地下环境的扰动（如地下水环境）。

（2）特指性：即该指数所指扰动仅为露天煤矿开采所引起的外部要素的变化，不包括与露天矿山配套的选煤厂、电厂、化工厂及混装炸药制备站（厂）等其他环节产生的影响。

（3）双向性：即该指数所指扰动既可以是积极的正向扰动，也可以是消极的负向扰动，其取值范围为 -100 ~ +100 之间的数值。SMDI > 0 表明正向扰动效应强于负向扰动效应；SMDI＝0 表明正向扰动效应与负向扰动效应相当；SM-DI＜0 表明正向扰动效应弱于负向扰动效应。

（4）综合性：即该指数是由一组从不同角度量化扰动效应的指标合成而得到的综合性指标，基本反映了露天煤矿开采过程产生扰动效应的各个方面，不仅具有因素综合性，还具有时间、空间综合性。

（5）同一性：即该指数综合考虑了资源赋存条件、开采技术条件、地域、煤种、污染物种类等的差异，运用多学科理论构建了评价指标体系和指标算法，使该指数成为公平度量露天煤矿开采扰动程度的"统一尺度"，评价结果具有地区适应性和全球可比性。

（6）时间性：即该指数随着时间的推移呈现出动态变化的特性，其变化趋势体现了评价对象扰动效应的时间特性，为扰动效应的监测和评价提供了理论和方法基础。

4.3　露天煤矿开采扰动指数基本框架

评价指标是根据评价露天煤矿开采对外部要素扰动程度强弱的目标确定的、能反映评价对象某方面本质特征的具体评价条目。评价指标体系是由不同种类的评价指标按照评价对象本身逻辑结构形成的有机整体。评价指标只能反映评价对象和评价目标的一个方面或某几个方面，评价指标体系则能反映评价对象和评价目标的全部。露天煤矿开采扰动效应评价是典型的多指标综合评价问题，由于涉及的因素多，其评价过程中常包含着许多不确定性、随机性和模糊性，因此构建合适的评价指标体系是综合评价的基础，没有一套科学、可行、可信、可操作的指标体系就无法客观、公正、高效地开展评价工作。

4.3.1　评价指标体系构建方法与原则

4.3.1.1　评价指标体系构建方法

目前，国内外广泛采用的评价指标体系构建方法一般有分析法、Delphi 法、综合法和指标属性分类法等。现对几种方法简单介绍如下。

1. 分析法

分析法（Analysis Method）是将评价对象按对评价目的影响因素不同划分为不同的组或不同的方面，明确各个影响因素的内涵与评价目的的联系，然后对每个影响因素分别选择一个或几个指标来反映评价对象对于评价目的的特征。

2. Delphi 法

Delphi 法的本质是系统分析方法在价值判断上的延伸，利用专家的经验和智慧，根据其掌握的各种信息和丰富经验，经过抽象、概括、综合、推理的思维过程，利用专家的各自见解，再经汇总分析而得出指标集。在使用该方法时，正确选择专家是成功的关键。

3. 综合法

综合法（Synthesis Method）是指对现有的指标体系进行归纳综合，并对综合后的指标进行聚类分析，找出具有普遍代表性的指标，形成新的指标体系的方法。综合法适用于对现有的评价指标体系的进一步完善与发展。

4. 指标属性分类法

指标属性分类法是根据指标本身具有许多不同的属性和不同的表现形式，在初建评价指标体系时，从指标属性角度构建指标体系。

指标体系构建的方法很多，在指标体系构建过程中要结合具体情况，权衡各方法的优劣进行选择，也可采用多种方法相结合，达到扬长避短的效果。

露天煤矿开采扰动效应评价主要涉及露天煤矿开采过程中对外部要素的负向扰动和正向扰动两个方面，每一个方面的扰动又从不同角度予以体现，所以每一种扰动方式可以从不同的角度选择不同的评价指标来形成评价指标体系。根据评价对象和评价目的的特殊性，本研究拟采用分析法中的层次分析法（Analytic Hierarchy Process，AHP）对评价目标进行逐层分解、细化指标来建立露天煤矿开采扰动效应评价指标体系。20 世纪 70 年代，美国著名运筹学家、匹兹堡大学 A. L. Saaty 教授（1971）在第一届国际数学建模会议上发表了"无结构决策问题的建模——层次分析法"，首次提出了层次分析法，引起了人们的关注。A. L. Saaty 运用该方法在 20 世纪 70—80 年代先后为美国相关部门解决了电力分配、应急研究、石油价格预测等方面的问题，证明该方法在实际中具有良好的应用效果。此后，层次分析法渐渐在国外得到了广泛的研究和应用。在 1982 年的中美能源、资源与环境学术会议上，A. L. Saaty 的学生 H. Gholamnezhad 向中国介绍了层次分析法，该方法得到了与会人员的认可，中国学者也由此开始对层次分析法进行了解和深入的研究，并逐步广泛应用于经济、能源、矿业、环境、机械等诸多领域，得到了较快的发展。根据大量的基础研究和分析论证，层次分析法的原理和分析过程能够满足本研究的要求，所以选择层次分析法建立评价指标体系是合适的。

4.3.1.2 评价指标体系遵循的原则

要对露天煤矿开采扰动效应进行合理的、全面的综合性评价，必须建立一套科学的、规范的评价指标体系，本研究认为应遵循以下基本原则。

1. 整体性原则

在进行露天煤矿开采扰动效应综合评价时，必须始终从露天煤矿开采的实际出发，把影响扰动效应的因素全面考虑进来，指标体系不能够遗漏重要影响因素的指标，要能够全面地反映露天煤矿开采过程中对外部要素产生的扰动。

2. 科学性原则

具体指标的选取应建立在充分认识、系统研究的科学基础上，要考虑理论上的完备性、科学性和正确性，即指标概念必须明确，且具有一定的科学内涵。科学性原则要求权重系数的确定以及数据的选取、计算与合成等要以公认的科学理论为依托，同时要避免指标间的重叠和简单罗列。此外，也必须考虑资料的可取性、可操作性，尽可能选择具有代表性的综合指标和重点指标。

3. 主成分性和独立性原则

根据一般的复杂系统理论，应从众多的变量中依其重要性和对系统行为贡献率的大小顺序，筛选出数目足够少、却能表征该系统本质行为的最主要成分变量。此外，描述露天煤矿开采扰动效应的指标往往存在指标间信息的重叠，因此在选择指标时，应尽可能选择具有相对独立性的指标，从而增加评价的准确性和科学性。

4. 系统性原则

因露天煤矿开采各工艺环节是一个系统的有机整体，所以露天煤矿开采扰动效应评价本质上也是一个系统工程问题。各扰动方式、影响扰动的因素、扰动效应的强弱等都具有紧密的联系，所以在构建评价指标体系过程中应从系统的角度进行指标设计，而不能脱离露天煤矿这个有机整体，也不能忽略露天煤矿开采各工艺环节和技术指标之间的内在联系。

5. 可得性与可比性原则

在评价指标的选取与确定上，必须要充分考虑获得指标相关数据的难易程度，从而提高评价体系的可操作性。而评价过程中指标的可比性即是指标必须反映被评价对象的共同属性，即可以对露天煤矿开采扰动效应进行横向（不同露天煤矿间）的和纵向（不同时点间）的比较。

6. 简洁与聚合原则

简洁与聚合原则常常被作为指标体系设计的主要原则。简洁使指标容易使用，聚合有助于全面反映问题，但它们往往又是相悖的。其中难度最大、争议最多的是指标的聚合或合成。因此对指标进行科学处理以合成数量不多的高聚合度指标是露天煤矿开采效应评价研究的关键之一。

7. 静态与动态结合的原则

任何事物都是发展的，露天煤矿开采扰动效应既是目标又是过程。因此，评价指标体系应充分考虑露天煤矿开采动态发展变化的特点，评价指标体系中应既包括能够反映露天煤矿开采扰动效应动态变化特征的动态性指标，也应包括能够反映露天煤矿开采扰动效应在一定时期内相对稳定的静态性指标。

8. 负面扰动效应与正面扰动效应相结合的原则

任何事物发展都具有两面性，露天煤矿开采扰动也不例外。露天煤矿在开采过程中，将对外部要素产生负面扰动效应，但也会采取积极的补偿措施以减弱负面扰动效应。因此，评价指标体系应充分考虑露天煤矿开采扰动效应的双面性特点，评价指标体系中应既包括能够反映露天煤矿开采扰动效应的负向指标，也应包括能够反映露天煤矿开采扰动效应的正向指标。

4.3.2　评价指标体系的构建

4.3.2.1　评价指标体系的初步构建

对露天煤矿开采扰动效应建立一个具有科学性、完备性和实用性的综合评价指标体系，是一个复杂的工作过程。建立评价指标体系一般要经过指标体系的构建、评价指标的初步筛选和指标的最终完善过程。本研究构建露天煤矿开采扰动效应评价指标体系的基本指导思想是：以露天煤矿开采扰动效应理论为基础，合理地借鉴和吸收国内外相关领域的研究成果，深入研究露天煤矿开采过程中对外部要素的扰动类型、扰动方式、扰动特点、扰动效应、影响因素、与露天采矿技术之间的关系等，构建露天煤矿开采扰动效应综合评价指标体系。本研究将扰动效应评价指标按扰动效应的方向性分为扰动频现指标（即负向扰动）和扰动补偿指标（即正向扰动）两大类。

总的来说，露天煤矿开采扰动效应评价指标体系分为目标层、准则层和指标层三个层次。指标的层次结构体系如图 4-1 所示。

目标层（一级指标）：综合表达露天煤矿开采扰动效应的总体程度，即露天煤矿开采扰动指数（SMDI）。

准则层（二级指标）：准则层是目标层的细化，是根据扰动效应的方向性进行确定的，分为扰动频现指标和扰动补偿指标。

指标层（三级指标）：采用可获得、可计量、可比较的指标，度量准则层的数量表现、强度表现或速率表现等。指标层定义的是指标体系的具体内容和具体属性，它们是指标体系的最基层要素。因此，指标层包含的是直接度量露天煤矿开采扰动效应基本特征的具体指标，必须进一步设置和筛选。

图中 A_1，A_2，…，A_m 代表若干扰动频现指标，B_1，B_2，…，B_n 代表若干扰动补偿指标。" - "代表该指标为负向指标，" + "代表该指标为正向指标。

4.3.2.2　评价指标体系的确定

在确定了指标体系的层次结构后，要对度量扰动效应的具体指标进行设置、筛选和确定，形成完整的指标体系。

通过评价指标体系的初步构建，确定了相应的评价指标体系的递阶层次结构，它分为三个层次，即目标层、准则层和指标层。经过频度统计法、理论分析法和专家咨询法的初选确定 54 个评价指标，剔除了 18 个可行性和准确性无法满

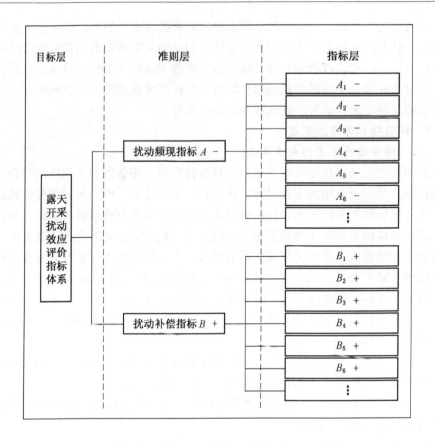

图 4-1　露天煤矿开采扰动效应指标体系结构

足的指标，经过指标的主成分分析和独立性分析剔除了 13 个指标，最终留下 23
个评价指标。即确定露天煤矿开采扰动效应综合评价指标体系，见表 4-1。包
括目标层、准则层和指标层，共两大类 23 个评价指标。

表 4-1　露天煤矿开采扰动程度综合评价指标体系

目标层	准则层	序号	指标层	计算说明	指标方向
露天开采扰动指数	扰动频现指标	(1)	土地挖损强度（LEI）	产出单位标准煤需要挖损的生物生产性土地面积	-
		(2)	土地压占强度（LOI）	产出单位标准煤需要压占的生物生产性土地面积	-
		(3)	粉尘排放强度（DEI）	产出单位标准煤需要排放的粉尘量	-

表4-1（续）

目标层	准则层	序号	指 标 层	计 算 说 明	指标方向
露天开采扰动指数	扰动频现指标	(4)	气体污染物当量排放强度（EAPEI）	产出单位标准煤需要排放的大气污染物当量值	−
		(5)	水污染物当量排放强度（EWPEI）	产出单位标准煤需要排放的水污染物当量值	−
		(6)	地下水疏干强度（DWI）	产出单位标准煤需要疏干的地下水量	−
		(7)	坑下排水强度（PDI）	产出单位标准煤需要排出的坑内汇水量	−
		(8)	剥离物外排强度（OBEDI）	（剥离物外排量/总剥离量）×（外排持续时间/总服务年限）	−
		(9)	频发噪声最大声级（FNMSL）	频繁发生的噪声（主要指设备等）	−
		(10)	偶发噪声最大声级（SNMSL）	偶然发生的噪声（主要指爆破）	−
		(11)	采掘场界面积指数（QAI）	采掘场地表境界与深部境界的面积比值	−
		(12)	排土场境界面积指数（EDAI）	外排土场底部境界面积与外排总量的比值	−
		(13)	矿岩采剥强度（OBRI）	产出单位标准煤需要采剥的矿岩总量	−
		(14)	能耗强度（EI）	产出单位标准煤消耗的能量	−
	扰动补偿指标	(15)	生态环境状况指数（EEI）	生态环境状况指数	+
		(16)	土地挖损恢复率（EIRR）	恢复土地面积占挖损土地面积比例	+
		(17)	土地压占复垦率（OLRR）	复垦土地面积占压占土地面积比例	+
		(18)	土地生产力弹性系数（LPR）	生物生产性土地面积增加率/扰动生物生产性土地面积增长率	+
		(19)	电能比重系数（EER）	电能消耗量占油电能耗总量的比例	+
		(20)	内排采空区面积指数（MGAI）	内排后采空区底顶面积比例	+
		(21)	粉尘收集率（DCR）	粉尘收集量占粉尘总量的比例	+
		(22)	"三废"处理率（PTR）	"三废"处理率	+
		(23)	采复一体化指数（MRII）	复垦面积增加率/排土场面积增加率	+

4.4　指标基础理论

充分考虑评价对象之间的公平关系是构建评价指标体系及指标量化算法过程中最重要、最本质的问题之一，不仅考虑对所有评价对象公平，还要考虑对所有人公平，对生态公平。为了解决资源赋存条件、开采技术条件、地域、煤种、污染物种类等的差异性问题，在构建评价指标体系的过程中综合应用了能源动力学、采矿学、环境科学和生态学等多领域的科学理论，最终实现了以 - 100 ~ + 100 之间的数值量化露天煤矿开采过程对矿山周边地上环境和地下环境带来的改变程度，使评价结果成为度量露天煤矿开采扰动程度的统一标准，不再受到上述差异性的限制。特对几个核心概念进行说明如下。

1. 标准煤（Standard Coal）

因每个露天煤矿的规模、煤种、原煤发热量各不相同，不具有直接可比性。为了便于对各露天煤矿的扰动效应评价指标进行计算、汇总及横向比较，在构建评价指标时引入了标准煤折算方法，解决了各个露天煤矿与规模有关的评价指标的计算、汇总及横向比较问题。标准煤亦称煤当量，具有统一的热值标准，联合国规定标准煤的热值为 7 Mcal/kg（29300.6 kJ/kg），我国规定每千克标准煤的热值为 7000 kcal（29274 kJ）。标准煤的换算公式为

$$Q_{SC} = Q k_{sc} \tag{4-1}$$

式中　　Q_{SC}——换算后标准煤量，tce；

　　　　Q——换算前原煤量，t；

　　　　k_{sc}——标准煤换算系数，tce/t。

2. 生态生产性土地（Ecological Productive Land）

因每个露天煤矿所在的国家和地区不同，开采过程中扰动的土地类型也各不相同，经复垦及生态重建形成的土地类型也各不相同，所以不具有直接可比性。为了使不同国家和地区的露天煤矿开采过程中扰动（破坏和重建）的土地面积具有直接可比性，构建与扰动土地面积有关的评价指标时引入了生态生产型土地、等量因子和产量因子等生态经济学概念。

生态生产性土地是指具有生态生产能力的土地或水域。生态生产也称生物生产，指生态系统中的生物从外界环境中吸收生命过程所必需的物质和能量并转化为新的物质，从而实现物质和能量的积累。

地球上不同区域的土地由于在气候条件、土壤理化性质等方面的差异，具有不同的生产力，适合于不同类型生物质的生长。在生态生产性土地计算中，根据生物生产力和适合于生长的生物质种类，生态生产性土地被分为耕地、草地、林地、建筑用地、水域和荒漠戈壁六大类。

（1）耕地：指用于作物生产的土地，即生产食物的主要用地。从生态学角度来看，它是所有生态生产性土地中生产力最高的一类，它所能集聚的生物量是最多的。露天煤矿开采既有可能直接挖损或压占耕地，也可能在复垦过程中通过采取合适的技术措施，将扰动的土地类型恢复或改善为耕地。如准格尔黑岱沟外排土场、伊敏露天煤矿外排土场现在均已经过复垦将部分区域变为耕地。

（2）草地：指未改良的放牧地，适用于发展畜牧业的土地。露天煤矿开采既有可能直接挖损或压占草地，也可能在复垦过程中通过采取适当的技术措施，将扰动的土地类型恢复或改善为草地。如准格尔黑岱沟外排土场现已经过复垦将部分区域变为草地。

（3）林地：指可产出木材产品的人造林或天然林，并且有诸如防风固沙、涵养水源、改善气候、保护物种多样性、净化空气等其他功能。露天煤矿开采既有可能直接挖损林地，但也可能在复垦过程中通过采取合适的技术措施，将排土场及矿区周边恢复或改善为林地。如平朔安家岭、安太堡露天煤矿排土场现已经过复垦将部分区域变为林地。

（4）建筑用地：包括各类人居设施、道路交通、水电站等建设所占用的土地，是人类生存必需的场所。露天煤矿开发需要建设大量的地面设施，将原始土地类型改变为建筑用地。

（5）水域：指提供大量水产品的淡水水域和近海海域。对于露天煤矿而言，开采过程中直接挖损或压占水域的可能性很小，但会影响到周边河流、湖泊、水库等水域的路径、位置、范围和功能等。

（6）荒漠戈壁：主要是指地表植被稀少或基本无植被的荒漠、戈壁类型的土地。全球范围内有大量的露天煤矿位于荒漠戈壁地区，所以露天煤矿开采直接挖损和压占荒漠戈壁类型土地也很多。

3. 等量因子（Equivalence Factor）

在不同的国家和地区，不同类生物生产土地之间的生产力是有差异的。关于生态足迹和生态资源占用的研究中共使用了6类生物生产性土地面积，为了以一种精确而现实的方法将这些具有不同生态生产力的生物生产面积转化为具有相同生态生产力的面积，把这些具有不同生态生产力的生物生产面积乘上一个等量因子。第 k 类生态生产性土地的等量因子 γ_k 等于全球该类土地的平均生产力 $\overline{Y}_k$ 除以全球所有各类土地的平均生产力 Y，即：

$$\gamma_k = \frac{\overline{Y}_k}{Y} \tag{4-2}$$

均衡处理后的6类生态系统的面积即为具有全球平均生态生产力、可以相加的世界平均生物生产面积。由于等量因子与全球平均类型进行比较，所以它们对于各国来说都是相同的。

表4-2为6类生态生产性土地的等量因子，例如等量因子为2.8表明该类土地的生态生产力是全球生态系统平均生产力的2.8倍。

表4-2 土地类型及等量因子

序　号	土地类型	等量因子	备　注
1	耕地	2.8	
2	草地	0.5	
3	林地	1.1	
4	建筑用地	2.8	
5	水域	0.2	
6	荒漠戈壁	0.1	

4. 产量因子（Yield Factor）

不同国家和地区的同类生物生产土地的面积是不能直接进行对比的，因为在不同的国家和地区，同类型的生物生产性面积的生产力存在着很大的差异，需要用产量因子对不同类型的面积进行调整。某个国家或地区某类土地的产量因子是其平均生产力与世界同类土地的平均生产力的比率。如某个地区第 k 类土地的产量因子 λ_K 与该类土地在这个区域的平均生产力 $\overline{y}_k$ 和同类土地的全球平均生产力 Y_k 的关系表达式为

$$\lambda_k = \frac{\overline{y}_k}{Y_k} \tag{4-3}$$

将现有的耕地、草地、林地、建筑地、海洋等物理空间的面积乘以相应的等量因子和当地的产量因子，就可以得到具有"全球平均生产力"的等量面积，这一面积具有全球可比性。这里的区域可以是一个国家、省或城市，也可以是特定人口所拥有的土地。表4-3为我国6类生态生产性土地的产量因子，例如产量因子为1.74表明我国该类土地的生态生产力是全球生态系统该类土地平均生产力的1.74倍。

表4-3 我国各类土地的产量因子

序　号	土地类型	产量因子	备　注
1	耕地	1.74	
2	草地	0.51	

表 4-3（续）

序　号	土地类型	产量因子	备　注
3	林地	0.86	
4	建筑用地	1.74	
5	水域	0.74	
6	荒漠戈壁	1.00	

5. 大气污染物当量（Pollutant Emission Equivalent）

露天煤矿开采过程中动用了大量的矿用设备，有些矿山的生产设施、辅助生产设施和行政福利设施等冬季需要供暖以保障正常生产和生活，供暖的方式多以燃煤锅炉或燃油锅炉为主。这些矿用设备及锅炉运行时均会产生大量的气态污染物排放到大气中，污染物种类较多，因不同类型污染物的排放标准以及对大气污染程度的贡献值都不一样，无法直接将各类污染物的排放量进行相加减。而将各类污染物分开计算和评价将导致指标的数量繁多，使评价指标体系过于烦琐，不符合评价指标体系的简洁和聚合原则。为了解决上述问题，在构建评价指标体系时引入了环境科学中的大气污染物当量的概念。

露天煤矿开采扰动效应评价时，大气污染物当量数的计算公式为

$$Q_e = \sum_{i=1}^{n} \frac{1000 Q_i}{q_i} \qquad (4-4)$$

式中　Q_e——大气污染物当量数，t；

　　　Q_i——第 i 种大气污染物的排放量，t；

　　　q_i——第 i 种大气污染物的当量值，kg；

　　　n——大气污染物种类。

《中华人民共和国环境保护税法》中规定各类大气污染物污染当量值见表4-4。

表 4-4　各类大气污染物污染当量值

序号	污染物名称	污染物当量值/kg	序号	污染物名称	污染物当量值/kg
1	二氧化硫	0.95	5	氯化氢	10.75
2	氮氧化物	0.95	6	氟化物	0.87
3	一氧化碳	16.7	7	氰化氢	0.005
4	氯气	0.34	8	硫酸雾	0.6

表 4-4 (续)

序号	污染物名称	污染物当量值/kg	序号	污染物名称	污染物当量值/kg
9	铬酸雾	0.0007	27	丙烯醛	0.06
10	汞及其化合物	0.0001	28	甲醇	0.67
11	一般性粉尘	4	29	酚类	0.35
12	石棉尘	0.53	30	沥青烟	0.19
13	玻璃棉尘	2.13	31	苯胺类	0.21
14	碳黑尘	0.59	32	氯苯类	0.72
15	铅及其化合物	0.02	33	硝基苯	0.17
16	镉及其化合物	0.03	34	丙烯氢	0.22
17	铍及其化合物	0.0004	35	氯乙烯	0.55
18	镍及其化合物	0.13	36	光气	0.04
19	锡及其化合物	0.27	37	硫化氢	0.29
20	烟尘	2.18	38	氨	9.09
21	苯	0.05	39	三甲胺	0.32
22	甲苯	0.18	40	甲硫醇	0.04
23	二甲苯	0.27	41	甲硫醚	0.28
24	苯并 (a) 芘	0.000002	42	二甲二硫	0.28
25	甲醛	0.09	43	苯乙烯	25
26	乙醛	0.45	44	二硫化碳	20

6. 水污染物当量 (Water Pollution Equivalent)

露天煤矿开采过程中产生大量的生活污水、生产废水等，污废水中污染物种类较多，且每个露天煤矿因所采用的生产工艺及设备不同、污废水的处理工艺不同，所以不具备直接可比性。因污染物种类较多，不同类型污染物的排放标准以及对水污染的贡献值都不一样，无法直接将各类污染物的排放量进行相加减。而将各类污染物分开计算和评价将导致指标的数量繁多，使评价指标体系过于烦琐，不符合评价指标体系的简洁和聚合原则。为了解决这一问题，在构建评价指标体系时引入了环境科学中的水污染物当量的概念。

露天煤矿开采扰动效应评价时，水污染物当量数的计算公式为

$$W_e = \sum_{i=1}^{n} \frac{1000 W_i}{w_i} \qquad (4-5)$$

式中　W_e——水污染物当量数，t;

W_i——第 i 种水污染物的排放量，t；

w_i——第 i 种水污染物的当量值，kg；

n——水污染物种类。

《中华人民共和国环境保护税法》中规定第一类水污染物和第二类水污染物污染当量值见表4-5和表4-6。

表4-5 第一类水污染物污染当量值

序号	污染物种类	污染当量值/kg	序号	污染物种类	污染当量值/kg
1	总汞	0.0005	6	总铅	0.025
2	总镉	0.005	7	总镍	0.025
3	总铬	0.04	8	苯并（a）芘	0.0000003
4	六价铬	0.02	9	总铍	0.01
5	总砷	0.02	10	总银	0.02

表4-6 第二类水污染物污染当量值

序号	污 染 物 种 类	污染当量值/kg	序号	污 染 物 种 类	污染当量值/kg
1	悬浮物（SS）	4	17	总锌	0.2
2	生化需氧量（BOD$_5$）	0.5	18	总锰	0.2
3	化学需氧量（COD）	1	19	彩色显影剂（CD-2）	0.2
4	总有机碳（TOC）	0.49	20	总磷	0.25
5	石油类	0.1	21	元素磷（以P计）	0.05
6	动植物油	0.16	22	有机磷农药（以P计）	0.05
7	挥发酚	0.08	23	乐果	0.05
8	总氰化物	0.05	24	甲基对硫磷	0.05
9	硫化物	0.125	25	马拉硫磷	0.05
10	氨氮	0.8	26	对硫磷	0.05
11	氟化物	0.5	27	五氯酚及五氯酚钠（以五氯酚计）	0.25
12	甲醛	0.125			
13	苯胺类	0.2	28	三氯甲烷	0.04
14	硝基苯类	0.2	29	可吸附有机卤化物（AOX）（以Cl计）	0.25
15	阴离子表面活性剂（LAS）	0.2			
			30	四氯化碳	0.04
16	总铜	0.1	31	三氯乙烯	0.04

表 4 - 6（续）

序号	污染物种类	污染当量值/kg	序号	污染物种类	污染当量值/kg
32	四氯乙烯	0.04	42	对硝基氯苯	0.02
33	苯	0.02	43	2.4 - 二硝基氯苯	0.02
34	甲苯	0.02	44	苯酚	0.02
35	乙苯	0.02	45	间 - 甲酚	0.02
36	邻 - 二甲苯	0.02	46	2.4 - 二氯酚	0.02
37	对 - 二甲苯	0.02	47	2.4.6 - 三氯酚	0.02
38	间 - 二甲苯	0.02	48	邻苯二甲酸二丁酯	0.02
39	氯苯	0.02	49	邻苯二甲酸二辛酯	0.02
40	邻二氯苯	0.02	50	丙烯腈	0.125
41	对二氯苯	0.02	51	总硒	0.02

4.5　指标内涵及算法

根据以上确定的各项评价指标及核心概念，现对各指标的含义、计算方法及基本特征详述如下。

1. 土地挖损强度

土地挖损强度（Land Excavation Intensity，LEI）系指露天煤矿开采过程中产出单位标准煤需要挖损的生物生产性土地面积，可视为露天煤矿采掘场挖损的生物生产性土地面积与采出的标准煤量之间的比值。该指标既可以作为全矿土地挖损平均程度的评价指标，也可以作为矿山土地挖损强度的动态监测指标。在指标计算中，生物生产性土地主要考虑以下 6 种类型：耕地、草地、林地、建设用地、水域和荒漠戈壁，（$k = 1，2，3，\cdots，6$）。

露天煤矿开采扰动效应评价时，露天煤矿土地挖损强度的计算公式为

$$LEI = \frac{A_e}{Q_{sc}} = \frac{\sum\limits_{k=1}^{6} p_{ek}\gamma_k\lambda_k}{Qk_{sc}} \tag{4-6}$$

式中　LEI——土地挖损强度，m^2/tce；

　　　　A_e——换算后挖损的生态生产性土地面积，m^2；

　　　　p_{ek}——挖损第 k 类土地的实际自然面积，m^2；

　　　　k——土地类型。

其他符号含义同上。

应用该指标时既可以计算某一时点的土地挖损强度，也可以计算一段时期内

（如一年内或多年内）的平均土地挖损强度。因露天煤矿采掘场的形态随着时间的推移在不断变化，所以单纯计算某一时点的土地开挖强度的实际意义不大，建议计算某一段时期内的平均土地挖损强度作为评价指标。LEI 计算结果越大，则表明露天煤矿开采导致的土地挖损强度越大，产生的扰动效应越强，反之越弱。

LEI 一般受露天煤矿煤层埋藏深度、工作帮坡角、煤层倾角、内排土场跟进情况、地形条件和煤种等影响较大。对于特定露天煤矿而言，如果露天煤矿的生产规模保持不变，LEI 随着采矿工程时空关系的发展而动态变化呈现出一定的分阶段变化规律：

第一阶段：露天煤矿开始基建剥离至开始内排前，LEI 受采掘场开挖面积的不断增大而呈现逐渐增大的趋势。

第二阶段：开始内排至完全实现内排期间，LEI 逐渐减小至趋于稳定。

第三阶段：完全内排时至露天煤矿工作帮地表到界前，LEI 受煤层倾角的影响较大，对于开采近水平或者缓倾斜煤层的露天煤矿而言，这期间 LEI 数值基本保持稳定。

第四阶段：露天煤矿地表到界至闭坑期间，LEI 受内排土场不断跟进的影响呈现逐渐减小的趋势。

特定露天煤矿服务年限内 LEI 变化曲线示意图如图 4-2 所示。

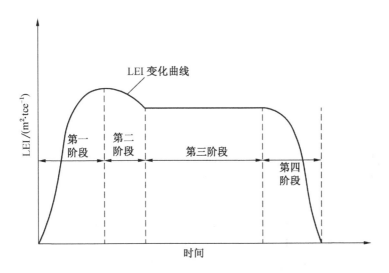

图 4-2　特定露天煤矿服务年限内 LEI 变化曲线示意图

2. 土地压占强度

土地压占强度（Land Occupied Intensity，LOI）系指露天煤矿开采过程中产出单位标准煤需要压占的生物生产性土地面积，可视为露天煤矿外排土场压占的生物生产性土地面积与采出的标准煤量之间的比值。该指标既可以作为评价露天煤矿开采整体扰动效应的全局性指标，也可以作为露天煤矿开采扰动效应的动态监测指标。在指标计算中，生物生产性土地主要考虑以下 6 种类型：耕地、草地、林地、建设用地、水域和荒漠戈壁，（$k = 1, 2, 3, \cdots, 6$）。

露天煤矿开采扰动效应评价时，露天煤矿土地压占强度的计算公式为

$$LOI = \frac{A_0}{Q_{sc}} = \frac{\sum_{k=1}^{6} p_{0k} \gamma_k \lambda_k}{Q k_{sc}} \tag{4 - 7}$$

式中　LOI——土地压占强度，m^2/tce；

　　　A_0——换算后压占的生态生产性土地面积，m^2；

　　　p_{0k}——压占第 k 类土地的实际自然面积，m^2；

　　　k——土地类型。

其他符号含义同上。

应用该指标时既可以计算某一时点的土地压占强度（LOI）也可以计算一段时期内的平均土地压占强度，因露天煤矿外排土场的形态随着时间的推移在不断变化，所以单纯计算某一时点的土地压占强度实际意义不大，建议计算某一段时期内（如一年内或多年内）的平均土地压占强度作为评价指标。LOI 计算结果越大，则表明露天煤矿开采导致的土地压占强度越大，产生的扰动效应越强，反之越弱。

LOI 一般受露天煤矿煤层倾角、开采程序、内外排关系、排土规划等影响较大。对于特定露天煤矿而言，如果露天煤矿的生产规模保持不变，LOI 随着采矿工程和排土工程的发展呈现出一定的阶段性变化规律：

第一阶段：露天煤矿开始基建剥离至外排土台阶全部形成排土工作线期间，LOI 受外排土场压占面积的不断增大而呈现逐渐增大的趋势。

第二阶段：外排土台阶全部形成排土工作线至外排土场最下层台阶全部到界期间，LOI 趋于稳定。

第三阶段：外排土场最下层台阶全部到界至闭坑期间，LOI 受外排土场压占土地面积不再增大的影响呈现逐渐减小的趋势。

特定露天煤矿服务年限内 LOI 变化曲线示意图如图 4 - 3 所示。

3. 粉尘排放强度

粉尘排放强度（Dust Emission Intensity, DEI）系指露天煤矿开采过程中产出单位标准煤需要排放的粉尘量，可视为露天煤矿采运排系统及煤生产系统等环节产生的粉尘量与采出标准煤量之间的比值，该指标旨在表征露天煤矿开采过程

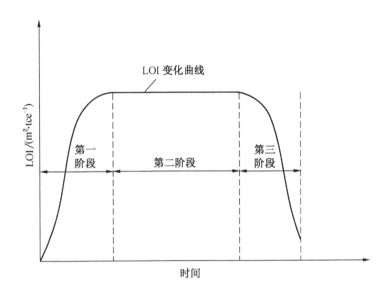

图 4-3 特定露天煤矿服务年限内 LOI 变化曲线示意图

中所排放的粉尘对大气环境的扰动效应。爆破环节是露天煤矿产生粉尘量最大的环节，所以有效控制露天煤矿爆破环节的产尘量对减小 DEI 有重要意义。

露天煤矿开采扰动效应评价时，露天煤矿粉尘排放强度的计算公式为

$$DEI = \frac{10^6 Q_{\mathrm{d}}}{Q_{\mathrm{sc}}} = \frac{10^6 \sum\limits_{i=1}^{n} q_{\mathrm{i}}}{Q k_{\mathrm{sc}}} \qquad (4-8)$$

式中　DEI——露天煤矿粉尘排放强度，g/tce；

　　Q_{d}——粉尘排放总量，t；

　　q_{i}——第 i 个环节产生的粉尘量，t；

　　n——产尘环节。

其他符号含义同上。

一般应计算某一段时期内的平均粉尘排放强度（DEI）作为评价指标。DEI 的指标变化反映了露天煤矿在粉尘治理方面采取措施的有效性，如采掘场和排土场洒水降尘较及时，爆破参数设计合理，破碎站、转载站、筛分车间、储煤场等工艺系统环节所选的除尘工艺合理有效等都会减小 DEI 的指标值，相反则会增大 DEI 的指标值。DEI 计算结果越大，则表明露天煤矿开采导致的粉尘排放强度越大，露天开采对大气环境产生的扰动效应越强，反之越弱。

4. 气体污染物当量排放强度

气体污染物当量排放强度(Equivalent Air Pollution Emission Intensity,EAPEI)系指露天煤矿开采过程中产出单位标准煤需要排放的气体污染物,可视为露天煤矿主要燃油设备、供暖锅炉等设备和爆破排放的气体污染物当量数与采出的标准煤量之间的比值,该指标旨在表征露天煤矿开采过程中排放的气体污染物对大气环境的扰动效应。露天煤矿燃油设备如卡车、挖掘机、推土机及其他辅助作业设备等都是产生气体污染物的主要源头,所以开采工艺及设备选型等技术决策对EAPEI 有重要影响。

露天煤矿开采扰动效应评价时,气体污染物当量排放强度的计算公式为

$$EAPEI = \frac{10^6 Q_e}{Q_{sc}} = \frac{\sum_{k=1}^{m} \sum_{i=1}^{n} \frac{10^9 Q_{ki}}{q_i}}{Q k_{sc}} \qquad (4-9)$$

式中　　$EAPEI$——露天煤矿气体污染物当量排放强度,g/tce;

Q_e——大气污染物排放当量数,t;

Q_{ki}——第 k 个生产环节第 i 种污染物的实际排放量,t;

q_i——第 i 种大气污染物的污染当量值,kg;

k——废气排放环节;

i——气体污染物种类。

其他符号含义同上。

一般应计算某一段时期内(如一年内或多年内)的平均气体污染物当量排放强度(EAPEI)作为评价指标。EAPEI 的指标变化反映了露天煤矿在气体污染物达标排放方面采取措施的有效性,如设备维修保养、有效防治煤层自燃、采用有效的锅炉等烟气处理工艺技术等都会减小 EAPEI 的指标值,相反则会增大EAPEI 的指标值。EAPEI 计算结果越大,则表明露天煤矿开采导致的气体污染物当量排放强度越大,露天开采对大气环境产生的扰动效应越强,反之越弱。

5. 水污染物当量排放强度

水污染物当量排放强度(Equivalent Water Pollution Emission Intensity,EWPEI)系指产出单位标准煤需要排放到矿区以外的水污染物当量值,可视为露天煤矿污废水排放当量数与采出的标准煤量之间的比值,该指标旨在表征露天煤矿开采过程中对地表水环境的扰动效应。露天煤矿产生的污废水主要为生活污水和生产废水,水量一般不会太大,污染物组分组成也较工业废水简单,所以在当前的污水处理技术条件下基本可以实现污废水的零排放。影响 EWPEI 的主要因素是露天煤矿的管理水平,因此该指标也反映了露天煤矿从管理角度在减弱露天开采扰动效应方面做出的努力程度。

露天煤矿开采扰动效应评价时，水污染物当量排放强度的计算公式为

$$EWPEI = \frac{W_e}{Q_{sc}} = \frac{\sum\limits_{k=1}^{m}\sum\limits_{i=1}^{n}\dfrac{1000W_{ki}}{w_i}}{Qk_{sc}} \qquad (4-10)$$

式中 $EWPEI$——露天煤矿水污染物当量排放强度，t/tce；

W_e——水污染物排放当量数，t；

W_{ki}——第 k 个生产环节第 i 种水污染物的实际排放量，t；

w_i——第 i 种水污染物的当量值，kg；

k——废水排放环节；

i——水污染物种类。

其他符号含义同上。

一般应计算某一段时期内（如一年内或多年内）的平均水污染物当量排放强度（EWPEI）作为评价指标。EWPEI 的指标变化反映了露天煤矿在污废水处理和水污染物达标排放方面采取措施的有效性，如水处理工艺选择合理、水处理设施运行状态良好、中水回用率高等都会减小 EWPEI 的指标值，相反则会增大EWPEI 的指标值。EWPEI 计算结果越大，则表明露天煤矿开采导致的水污染物当量排放强度越大，露天开采对地表水环境产生的扰动效应越强，反之越弱。

6. 地下水疏干强度

地下水疏干强度（Dewatering Intensity，DWI）系指露天煤矿开采过程中产出单位标准煤需要疏干的地下水量，可视为露天煤矿疏干水量与采出的标准煤量之间的比值。该指标旨在表征露天煤矿开采过程中对地下水环境的扰动效应，疏干水量越大，对矿区及周边地下水流场的影响越大，会引发地下水位下降、地表沉陷、土地沙化等一系列问题。同时因为疏干水系统运行需要消耗大量的电能，所以该指标也可从侧面反映疏干系统电能消耗强度的大小。

露天煤矿开采扰动效应评价时，露天煤矿地下水疏干强度的计算公式为

$$DWI = \frac{Q_{dw}}{Q_{sc}} = \frac{Q_{dw}}{Qk_{sc}} \qquad (4-11)$$

式中 DWI——地下水疏干强度，m³/tce；

Q_{dw}——地下水疏干水量，m³。

其他符号含义同上。

一般应计算某一段时期内（如一年内或多年内）的地下水疏干强度（DWI）作为评价指标。DWI 计算结果越大，则表明露天煤矿开采导致的地下水疏干强度越大，电能的消耗越高，露天开采对地下水环境产生的扰动效应越强，反之越弱。

对于特定露天煤矿而言，如果露天煤矿的生产规模保持不变，DWI 随着采矿工程的发展呈现出一定的阶段性变化规律：

第一阶段：露天煤矿开始基建剥离至移交生产期间，DWI 受疏干水量较大而出煤量较少的影响呈现出维持在较大的数值而保持基本稳定的趋势。

第二阶段：移交生产后至达产期间，DWI 受前期推进度相对较大以及工作线长度尚在增加的影响，DWI 有逐渐增大的趋势。

第三阶段：达产后至采掘场工作帮地表到界期间，工作线推进速度基本稳定，所以疏干水量也相对稳定，DWI 也基本保持稳定。

第四阶段：工作帮地表到界至闭坑期间，DWI 受疏干水量已经开始减小而煤量尚在增大的影响，呈现出逐渐减小的趋势。

特定露天煤矿服务年限内 DWI 变化曲线示意图如图 4-4 所示。

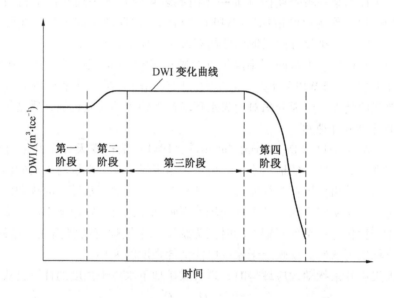

图 4-4　特定露天煤矿服务年限内 DWI 变化曲线示意图

7. 坑下排水强度

坑下排水强度（Pit Drainage Intensity，PDI）系指露天煤矿开采过程中产出单位标准煤需要排出的坑内汇水量，可视为露天矿坑内排水量与采出的标准煤量之间的比值。该指标旨在表征露天煤矿开采过程中对地表水环境的扰动效应，坑下排水量小的露天煤矿往往可直接用于生产用水，而排水量大的露天煤矿，则需要将多余的水量排至矿区以外的沟谷之中，往往会对下游区域造成一定的影响，尤其会因水质原因产生一定的负面影响。同时因为坑下排水系统运行需要消耗大量的电能，所以该指标也可从侧面反映坑下排水系统电能消耗强度的大小。

露天煤矿开采扰动效应评价时，露天煤矿坑下排水强度的计算公式为

$$PDI = \frac{Q_{pd}}{Q_{sc}} = \frac{Q_{pd}}{Qk_{sc}} \tag{4-12}$$

式中　PDI——坑下排水强度，m^3/tce；

　　　　Q_{pd}——坑下排水量，m^3。

其他符号含义同上。

一般应计算某一段时期内（如一年内或多年内）的坑下排水强度（PDI）作为评价指标。PDI 计算结果越大，则表明露天煤矿开采过程中的坑下排水强度越大，露天开采对地表水环境产生的扰动效应越强，电能的消耗越高，反之越弱。PDI 一般受露天煤矿所在地区的大气降水量和坑下涌水量影响较大，当地大气降水量越大，坑下涌水量越大，PDI 指标值越大。

8. 剥离物外排强度

剥离物外排强度（Overburden External Dumping Intensity，OBEDI）系指露天煤矿开采过程中剥离物外排对露天煤矿周围土地、空气、生态和职工工作生活环境造成的影响程度，可视为外排剥离量所占比例与外排持续时间比例的乘积。构建该指标时考虑到当相同的外排量而外排持续时间不同时，其对外部要素的扰动效应不同；当相同的外排持续时间而不同的外排量时，其对外部要素的扰动效应也不相同。所以，OBEDI 综合考虑了外排量与外排持续时间的影响。

露天煤矿开采扰动效应评价时，剥离物外排强度的计算公式为

$$OBEDI = \frac{P_{oe}}{P_t} \times \frac{T_{oe}}{T_t} = \frac{P_{oe}T_{oe}}{P_tT_t} \tag{4-13}$$

式中　$OBEDI$——剥离物外排强度，无量纲；

　　　　P_{oe}——外排剥离量，Mm^3；

　　　　P_t——总剥离量，Mm^3；

　　　　T_{oe}——外排持续时间，a；

　　　　T_t——露天煤矿服务年限，a。

一般应计算矿山服务年限内全矿的剥离物外排强度（OBEDI）作为评价指标。OBEDI 计算结果越大，则表明露天煤矿开采过程中的剥离物外排强度越大，露天开采对露天煤矿周围土地、空气、生态和职工工作生活环境造成的扰动效应越强，反之越弱。OBEDI 一般受露天煤矿的煤层赋存条件、开采工艺、设备配置、开采程序及开采参数等影响较大，当煤层埋深相对较浅、煤层倾角较缓的露天煤矿，OBEDI 指标值相对较小，如果煤层倾角较陡的露天煤矿采用横采的开

采方式，则 OBEDI 指标值也会相对较小，相反则 OBEDI 值会相对较大。

9. 频发噪声最大声级

频发噪声最大声级（Frequent Noise Maximum Sound Level，FNMSL）系指在工业场地办公生活区中心位置测得的露天煤矿开采过程中设备运行所产生的、频繁发生且发生的时间和间隔有一定规律的、单次持续时间较短强度较高的机械性噪声 A 声级最大值。该指标旨在表征露天煤矿开采过程中设备运行产生的频发噪声对外部空间环境的扰动效应。

露天煤矿开采扰动效应评价时，频发噪声最大声级的计算公式为

$$FNMSL = L_{AFmax} \tag{4-14}$$

式中　$FNMSL$——频发噪声最大声级，dB(A)；

　　　L_{AFmax}——实测频发噪声最大 A 声级，dB(A)。

一般应计算某一段时期内（如一年内或多年内）的频发噪声最大声级（FNMSL）作为评价指标。FNMSL 测量结果越大，则表明露天煤矿开采过程中产生的频发噪声最大声级越大，露天开采对外部空间环境造成的扰动效应越强，反之越弱。FNMSL 一般受露天煤矿的工艺系统布置、设备规格及运行状况、设备降噪措施及管理水平等影响较大。当露天煤矿破碎站布置相对集中，破碎站、振动筛、卡车、挖掘机等设备运行状况不佳，破碎站及筛分车间等重要声源构筑物降噪措施效果较差、主要噪声源距离噪声敏感建筑物较近时，FNMSL 指标值相对较大，反之则相对较小。

10. 偶发噪声最大声级

偶发噪声最大声级（Sporadic Noise Maximum Sound Level，SNMSL）系指在工业场地中心位置测得的露天煤矿开采过程中偶然发生且发生的时间和间隔无规律的、单次持续时间较短且强度较高的空气动力性噪声 A 声级最大值，一般指露天煤矿爆破产生的噪声。该指标旨在表征露天煤矿开采过程中爆破产生的偶发噪声对外部空间环境的扰动效应。

露天煤矿开采扰动效应评价时，偶发噪声最大声级的计算公式为

$$SNMSL = L_{ASmax} \tag{4-15}$$

式中　$SNMSL$——偶发噪声最大声级，dB(A)；

　　　L_{ASmax}——实测偶发噪声最大 A 声级，dB(A)。

一般应计算某一段时期内（如一年内或多年内）的偶发噪声最大声级（FNMSL）作为评价指标。FNMSL 计算结果越大，则表明露天煤矿开采过程中产生的偶发噪声最大声级越大，露天开采对外部空间环境造成的扰动效应越强，反之越弱。FNMSL 一般受露天煤矿的开采工艺、单次最大起爆药量、爆破参数及管理水平等影响较大。当露天煤矿采用抛掷爆破时，其 FNMSL 指标值一般要大

于采用松动爆破时的指标值。另外，合理优化装药结构、起爆顺序等爆破参数也可以在一定程度上减小 FNMSL 的指标值。

11. 采掘场境界面积指数

采掘场境界面积指数（Quarry Area Index，QAI）系指露天煤矿采掘场总开挖面积与有效开挖面积的比例关系，可视为地表境界与深部境界的面积比值。该指标旨在表征露天煤矿开采过程中受边坡工程地质和水文地质条件的影响，因最终帮坡角 $\alpha < 90°$ 导致的地表无效开挖情况。与土地挖损强度指标 LEI 相比，该指标是从全矿的角度整体评价地表开挖对地表的扰动程度，是一个静态指标，也是一个总量控制指标，体现了露天煤矿挖损地表所产生的扰动趋于理想值（当最终帮坡角 $\alpha = 90°$ 时）的程度。

露天煤矿开采扰动效应评价时，采掘场境界面积指数的计算公式为

$$QAI = \frac{S_{sb}}{S_{fb}} \tag{4-16}$$

式中　QAI——采掘场境界面积指数，无量纲；

　　　S_{sb}——露天煤矿地表境界面积，km^2；

　　　S_{fb}——露天煤矿深部境界面积，km^2。

一般应计算全矿的采掘场境界面积指数（QAI）作为评价指标，对于特定的露天煤矿，QAI 指标值为大于 1 的常数。QAI 计算结果越大，则表明露天煤矿的最终帮坡角越缓，地表无效开挖的面积越大，露天开采对地表造成的扰动效应越强，反之越弱。QAI 一般受露天煤矿的水文地质条件、边坡工程地质条件、最终帮坡角、地形复杂程度、开采工艺设备选型和开采技术等影响较大。最终帮坡角越大，则 QAI 指标值越小，反之则越大。

12. 排土场境界面积指数

排土场境界面积指数（External Dump Area Index，EDAI）系指外排土场总压占面积与外排总量之间的关系，可视为外排土场达到最大收容量时底部境界面积与外排总量之比值。该指标旨在表征露天煤矿开采过程中外排土场压占土地面积的有效利用程度。与土地压占强度 LOI 相比，该指标是从全矿整体评价外排土场压占对地表的扰动程度，是一个静态指标，也是一个总量控制指标，体现了露天煤矿外排土场技术参数的合理性。

露天煤矿开采扰动效应评价时，排土场境界面积指数的计算公式为

$$EDAI = \frac{S_{sd}}{P_{oe}} \tag{4-17}$$

式中　$EDAI$——外排土场境界面积指数，无量纲；

　　　S_{sd}——露天煤矿外排土场达到最大收容量时底部境界面积，km^2。

其他符号含义同上。

一般应计算全矿的排土场境界面积指数（EDAI）作为评价指标，对于特定的露天煤矿，EDAI 指标值为一常数。EDAI 计算结果越大，则表明露天煤矿的外排土场压占土地有效利用程度越低，露天开采对地表造成的扰动效应越强，反之越弱。EDAI 一般受露天煤矿外排土场的工程地质条件、剥离物岩性、地形条件、剥离及排土工艺和排土参数等影响较大。外排土场最终帮坡角越大，则 EDAI 指标值越小，反之则越大。

13. 矿岩采剥强度

矿岩采剥强度（Overburden Removal Intensity，OBRI）系指露天煤矿采出单位标准煤需要完成的矿岩采剥总量，可视为矿山采剥总量与矿山可采原煤量折算为标准煤后的比值。该指标旨在表征露天煤矿开采过程中的采剥工程规模。该指标是从全矿整体评价矿岩采剥过程对外部环境的扰动程度，OBRI 是一个静态指标，也是一个平均值指标。

露天煤矿开采扰动效应评价时，矿岩采剥强度的计算公式为

$$OBRI = \frac{P_t + V_C}{Q_{sc}} = \frac{P_t + Q_t \cdot \dfrac{1}{\rho_c}}{Q_t k_{sc}} = \frac{1}{k_{sc}} \cdot \left(\frac{P_t}{Q_t} + \frac{1}{\rho_c} \right) \qquad (4-18)$$

式中　$OBRI$——露天煤矿矿岩采剥强度，m^3/tce；

V_C——露天煤矿可采原煤量体积，Mm^3；

ρ_c——原煤容重，t/m^3；

Q_t——境界内可采原煤总量，Mt。

其他符号含义同上。

矿岩采剥强度（OBRI）指标与露天采矿工程中平均剥采比的概念相类似，但又有所不同，主要体现在两个方面：①OBRI 计算时将露天煤矿境界内的可采原煤折算成了标准煤；②OBRI 也考虑了采煤工程对外部环境的扰动效应。OBRI 越大，则需要投入的采剥和运输设备及人员越多，系统规模越大。

一般应计算全矿的矿岩采剥强度（OBRI）作为评价指标，对于特定的露天煤矿，OBRI 指标值为一常数。OBRI 计算结果越大，则表明露天煤矿矿岩采剥过程对外部环境造成的扰动效应越强，反之越弱。OBRI 一般受露天煤矿煤层赋存条件、煤种、煤质等影响较大。剥采比越大，原煤发热量越低，则 OBRI 指标值越大，反之则越小。

14. 能耗强度

能耗强度（Energy Intensity，EI）系指露天煤矿采出单位标准煤需要消耗的能源总量，可视为一段时期内矿山的总能耗与矿山采出原煤量折算为标准煤后的

比值。该指标旨在表征露天煤矿开采过程中的节能水平，EI 是一个动态指标，也是一个平均值指标。

露天煤矿开采扰动效应评价时，能耗强度的计算公式为

$$EI = \frac{E}{Q_{sc}} = \frac{\sum_{i=1}^{n} E_i^t}{Q^t k_{sc}} \tag{4-19}$$

式中　EI——露天煤矿能耗强度，无量纲；

　　　E——t 时期露天煤矿总能源消费，tce；

　　　E_i^t——第 i 生产环节 t 时期的能源消费，tce；

　　　Q^t——t 时期露天煤矿生产原煤量，t；

　　　i——生产环节。

其他符号含义同上。

一般应计算某一段时期内（如一年内或多年内）的能耗强度（EI）作为评价指标。EI 计算结果越大，则表明露天煤矿开采过程中能源消耗量越大，露天开采对外部空间环境造成的扰动效应越强，反之越弱。EI 一般受露天煤矿的开采工艺、设备配备、管理水平等影响较大。当露天煤矿采用全连续工艺、半连续工艺或拉斗铲倒堆工艺等开采工艺时，其 EI 指标值一般要小于采用单斗—卡车工艺的 EI 指标值。另外，合理优化设备配置、开拓运输系统等也可以在一定程度上减小 EI 的指标值。

15. 生态环境状况指数

生态环境状况指数（Ecological Environment Index，EIVR）系指露天煤矿生态环境质量的变化情况。该指标旨在表征露天煤矿生态恢复与治理措施的及时有效性。

露天煤矿开采扰动效应评价时，生态环境状况指数的计算公式为

$$EIVR = \frac{EI_n}{EI_{n-1}} \tag{4-20}$$

式中　$EIVR$——生态环境状况指数，无量纲；

　　　EI_n——某一段时期内的生态环境质量状况，数值范围 0～100［具体计算方法详见《生态环境状况评价技术规范》（HJ 192—2015）］；

　　　EI_{n-1}——前一时期内的生态环境质量状况，数值范围 0～100。

一般应计算某一段时期内（如一年内或多年内）的生态环境状况指数（EIVR）作为评价指标。

$EIVR > 1$，则表明露天煤矿本段时期内的生态环境质量在逐步变好，露天煤矿生态恢复与治理措施及时有效，矿区生态环境状况质量得到了改善。

$EIVR = 1$，则表明露天煤矿本段时期内的生态环境质量无明显变化，露天煤矿生态恢复与治理措施与采矿工程的发展基本同步，矿区生态环境状况质量基本保持不变。

$EIVR < 1$，则表明露天煤矿本段时期内的生态环境质量逐步变差，露天煤矿生态恢复与治理措施不及时，与采矿工程的发展不同步，滞后于采矿工程的发展，矿区生态环境状况质量遭到了破坏，是不可持续的。

EIVR 一般受露天煤矿所处的建设和生产时期、生态恢复与治理措施的技术方案、管理水平等影响较大。

16. 土地挖损恢复率

土地挖损恢复率（Excavation Land Recovery Rate，EIRR）系指一段时期内露天煤矿采空区范围内恢复的土地面积占挖损土地面积的比例，可视为露天煤矿采空区内排土场的面积与露天煤矿采掘场的面积之比。该指标旨在表征露天煤矿开采过程中内排工程的合理性，EIRR 是一个动态指标。

露天煤矿开采扰动效应评价时，土地挖损恢复率的计算公式为

$$EIRR = \frac{A_{er}}{A_e} = \frac{\sum\limits_{k=1}^{6} p_{erk}^t \gamma_k \lambda_k}{\sum\limits_{k=1}^{6} p_{ek}^t \gamma_k \lambda_k} \qquad (4-21)$$

式中　$EIRR$——土地挖损恢复率，无量纲；

　　　A_{er}——换算后内排土场恢复的生态生产性土地面积，km^2；

　　　A_e——换算后挖损的生态生产性土地面积，km^2；

　　　p_{erk}^t——第 k 类土地第 t 时期内排土场恢复的实际自然面积，km^2；

　　　p_{ek}^t——第 k 类土地第 t 时期挖损的实际自然面积，km^2；

　　　k——土地类型。

其他符号含义同上。

一般应计算某一段时期内（如一年内或多年内）的土地挖损恢复率（EIRR）作为评价指标。EIRR 计算结果越大，则表明露天煤矿开采过程中内排工程安排的较为及时合理，露天开采对外部空间环境造成的扰动效应越弱，反之越强。EIRR 一般受露天煤矿的煤层赋存条件、内排土场排土参数及管理水平等影响较大。当露天煤矿煤层倾角较小、内排台阶高度较大，内排土场工作帮坡角较陡时，其 EIRR 指标值一般较大，反之较小。另外，合理优化开拓运输系统及内排参数等也可以在一定程度上增大 EIRR 的指标值。

17. 土地压占复垦率

土地压占复垦率（Occupied Land Reclamation Rate，OLRR）系指一段时期内

露天煤矿外排土场复垦土地面积与压占土地面积的比例关系，可视为露天煤矿外排土场复垦面积与压占面积之比。该指标旨在表征露天煤矿外排土场复垦的及时性，OLRR 是一个动态指标。

露天煤矿开采扰动效应评价时，土地压占复垦率的计算公式为

$$OLRR = \frac{A_{or}}{A_o} = \frac{\sum_{k=1}^{6} p_{ork}^{t} \gamma_k \lambda_k}{\sum_{k=1}^{6} p_{ok}^{t} \gamma_k \lambda_k} \quad\quad (4-22)$$

式中　$OLRR$——土地压占复垦率，无量纲；

　　　A_{or}——换算后外排土场复垦的生态生产性土地面积，km^2；

　　　A_o——换算后外排土场压占的生态生产性土地面积，km^2；

　　　p_{ork}^{t}——第 k 类土地第 t 时期外排土场复垦的实际自然面积，km^2；

　　　p_{ok}^{t}——第 k 类土地第 t 时期外排土场压占的实际自然面积，km^2；

　　　k——土地类型。

其他符号含义同上。

一般应计算某一段时期内（如一年内或多年内）的土地压占复垦率（OLRR）作为评价指标。OLRR 计算结果越大，则表明露天煤矿开采过程中外排土场复垦的越及时，露天开采对外部空间环境造成的扰动效应越弱，反之越强。OLRR 一般受露天煤矿的外排总量、排土程序及管理水平等影响较大。当露天煤矿外排土场排土程序安排合理，并且表土剥离及覆土及时，其 OLRR 指标值一般较大，反之较小。

18. 土地生产力弹性系数

土地生产力弹性系数（Land Productivity Resilience，LPR）系指一段时期内复垦土地面积增长幅度与扰动土地面积增长幅度的依存关系，可视为露天矿田范围内生物生产性土地总面积增加率与扰动生物生产性土地面积增加率之比。该指标旨在表征露天煤矿排土场复垦的有效性和复垦的效果，尽管露天煤矿开采过程中要开挖和压占大量土地，但如果复垦的效果较好，则会使矿田范围内土地总生产力逐渐增加，LPR 是一个动态指标。

露天煤矿开采扰动效应评价时，土地生产力弹性系数的计算公式为

$$LPR = \frac{R_{ea}}{R_{da}} = \frac{A_e^t - A_e^{t-1}}{A_e^{t-1}} \times \frac{A_d^{t-1}}{A_d^t - A_d^{t-1}} = \frac{A_d^{t-1} \cdot (A_e^t - A_e^{t-1})}{A_e^{t-1} \cdot (A_d^t - A_d^{t-1})} \quad\quad (4-23)$$

式中　LPR——土地生产力弹性系数，无量纲；

　　　R_{ea}——露天矿田范围内生物生产性土地总面积增加率，%；

　　　R_{da}——露天矿田范围内扰动生物生产性土地面积增加率，%；

A_e^t——t 时期露天矿田范围内生物生产性土地总面积，m^2；

A_e^{t-1}——$t-1$ 时期露天矿田范围内生物生产性土地总面积，m^2；

A_d^t——t 时期露天矿田范围内扰动生物生产性土地面积，m^2；

A_d^{t-1}——$t-1$ 时期露天矿田范围内扰动生物生产性土地面积，m^2。

一般应计算某一段时期内（如一年内或多年内）的土地生产力弹性系数（LPR）作为评价指标。

$LPR > 1$，则表明露天矿田范围内土地总生产能力在逐渐增加，露天煤矿复垦改善了矿区土地的原始状况，复垦的效果很好，矿区土地状况整体向好。

$LPR = 1$，则表明露天矿田范围内土地总生产能力基本保持不变，露天煤矿开采过程中没有破坏矿区土地的原始状况，复垦的效果较好，矿区土地状况整体保持不变。

$LPR < 1$，则表明露天矿田范围内土地总生产能力在逐渐降低，露天煤矿开采过程中破坏了矿区土地的原始状况，复垦的效果较差，矿区土地状况正在逐渐变差，是不可持续的。

LPR 一般受露天煤矿所处的建设和生产时期、露天矿区原始地貌和土地类型、复垦技术方案、管理水平等影响较大。

19. 电能比重系数

电能比重系数（Electric Energy Ratio，EER）系指电能在露天煤矿总能耗中所占的比重，可视为电能消耗量与油电能耗总量之比。该指标旨在表征露天煤矿生产过程中实现"以电代油"的程度，体现了露天煤矿开采工艺和生产系统等的清洁程度和绿色程度，EER 是一个动态指标。

露天煤矿开采扰动效应评价时，电能比重系数的计算公式为

$$EER = \frac{E_e}{E} \times 100\% = \frac{E_e}{EI \cdot Q_{sc}} \times 100\% = \frac{\sum_{i=1}^{n} E_{ei}^t}{EI^t \cdot Q^t \cdot k_{sc}} \times 100\% \qquad (4-24)$$

式中　　EER——电能比重系数，%；

　　　　E_e——t 时期露天煤矿的电能消费，tce；

　　　　E_{ei}^t——第 i 生产环节 t 时期的电能消费，tce；

　　　　EI^t——t 时期露天煤矿的能耗强度，无量纲；

　　　　i——生产环节。

其他符号含义同上。

一般应计算某一段时期内的电能比重系数（EER）作为评价指标。对于特定的露天煤矿，如果开采工艺及设备配备不发生改变，露天煤矿持续稳产的情况下，全矿的 EER 基本保持稳定。如果开采工艺或设备发生了重大变化，则 EER

也会随之发生变化。EER 体现了露天煤矿开采过程中电能消耗所占的比重，即从源头上反映了减小燃油消耗产生的废气排放量对减弱开采扰动效应的贡献，EER 指标值越大，则说明所采用的开采工艺及设备绿色程度越高，对外部环境的扰动效应越弱，反之越强。

20. 内排采空区面积指数

内排采空区面积指数（Mine Goaf Area Index，MGAI）系指露天煤矿内排土场与采掘场工作帮之间的协调跟进程度，可视为露天煤矿内排后采空区底面与顶面面积之比。该指标旨在综合表征露天煤矿内排土场的同步跟进情况、内排土场工作帮坡角的优化程度以及采掘场工作帮坡角的优化程度。

露天煤矿开采扰动效应评价时，内排采空区面积指数的计算公式为

$$MGAI = \frac{S_{gf}}{S_{gr}} \qquad (4-25)$$

式中 $MGAI$——内排采空区面积指数，无量纲；

S_{gf}——露天煤矿内排后采空区底面面积，km^2；

S_{gr}——露天煤矿内排后采空区顶面面积，km^2。

一般应计算某一时点（如年末）的内排采空区面积指数（MGAI）作为评价指标。MGAI 受内排土场的同步跟进情况、内排土场排土工作帮坡角及采掘场工作帮坡角影响较大，内排土场跟进越及时、内排土场排土工作帮坡角越大、采掘场工作帮坡角越大，则 MGAI 指标值越大，说明露天煤矿开采过程中扰动的范围越小，挖损恢复越及时，扰动效应越弱；反之则越强。

21. 粉尘收集率

粉尘收集率（Dust Collection Rate，DCR）系指粉尘收集量占粉尘总量的比例。该指标旨在表征露天煤矿开采过程中对粉尘进行综合治理的程度。

露天煤矿开采扰动效应评价时，粉尘收集率的计算公式为

$$DCR = \frac{Q_c}{Q_d} \times 100\% \qquad (4-26)$$

式中 DCR——粉尘收集率，%；

Q_c——露天煤矿粉尘收集量，t；

Q_d——露天煤矿粉尘排放量，t。

一般应计算某一段时期内（如一年内或多年内）的粉尘收集率（DCR）作为评价指标。DCR 受露天煤矿各产尘节点除尘、捕尘措施的有效性、洒水量、爆破参数优化等影响较大。如果采掘场和排土场洒水降尘及时，爆破参数设计合理，破碎站、转载站、筛分车间、储煤场等主要产尘节点采取了合理有效的除尘措施等都会减小 DCR 的指标值，相反则会增大 DCR 的指标值。与粉尘排

放强度 DEI 指标相比二者有所不同，DEI 是从粉尘总排放量角度来表征扰动效应的强弱，体现了露天煤矿粉尘排放总量的大小；而 DCR 是从粉尘治理的有效性角度表征扰动效应的强弱，体现了露天煤矿在减弱扰动效应方面的努力程度。

22. "三废"处理率

"三废"处理率（Pollutants Treatment Rate，PTR）系指露天煤矿开采过程中对"三废"（废气、废水、固体废弃物）的处理比例。该指标旨在表征露天煤矿在开采过程中对废气、废水、固体废弃物的处理程度。

露天煤矿开采扰动效应评价时，"三废"处理率的计算公式为

$$PTR = \frac{W_c}{W_d} \times 100\% \qquad (4-27)$$

式中　PTR——"三废"处理率，%；

　　　W_c——露天煤矿"三废"处理量，t；

　　　W_d——露天煤矿"三废"排放量，t。

一般应计算某一段时期内（如一年内或多年内）的"三废"处理率（PTR）作为评价指标。PTR 是从"三废"处理的有效性角度表征扰动效应的强弱，体现了露天煤矿在减弱扰动效应方面的努力程度。

23. 采复一体化指数

采复一体化指数（Mining and Reclamation Integration Index，MRII）系指露天煤矿开采与复垦的一体化程度，可视为露天煤矿复垦面积增加比例与排土场面积增加比例之比。该指标旨在表征露天煤矿排土场复垦的及时性。

露天煤矿开采扰动效应评价时，采复一体化指数的计算公式为

$$MRII = \frac{R_{ead}}{R_{ad}} \qquad (4-28)$$

式中　$MRII$——采复一体化指数，无量纲；

　　　R_{ead}——复垦面积增加率，%；

　　　R_{ad}——排土场面积增加率，%。

一般应计算某一段时期内（一年内或多年内）的采复一体化指数（MRII）作为评价指标。

$MRII > 1$，则表明露天煤矿复垦面积增加率大于排土场面积增加率，露天煤矿复垦及时。

$MRII = 1$，则表明露天煤矿复垦面积增加率等于排土场面积增加率，露天煤矿复垦与采矿工程的发展基本同步。

$MRII < 1$，则表明露天煤矿复垦面积增加率小于排土场面积增加率，露天煤

矿复垦不及时，露天煤矿复垦与采矿工程的发展不同步，滞后于采矿工程的发展。

采复一体化指数一般受露天煤矿所处的建设和生产时期、复垦技术方案、管理水平等影响较大。

5　露天煤矿开采扰动效应评价模型

5.1　指标正向化

露天煤矿开采扰动效应评价指标体系中既包括正向指标（扰动频现指标）又包括负向指标（扰动补偿指标）。在综合评价时，首先必须将指标同趋势化，一般是将负向指标（扰动补偿指标）转化为正向指标，即指标的正向化。

常用的指标正向化方法主要有倒数逆变换法和倒扣逆变换法。

5.1.1　倒数逆变换法

倒数逆变换法的公式为

$$y_{ij} = C/x_{ij} \tag{5-1}$$

式中，C 为正常数，通常取 $C=1$。很明显，用式（5-1）作为指标的正向化公式时，当原指标值 x_{ij} 较大时，其值的变动引起变换后指标值的变动较慢；而当原指标值较小时，其值的变动会引起变换后指标值的变动较快。特别是当原指标值接近 0 时，变换后指标值的变动会非常快，使指标评价值的确定变得困难。

5.1.2　倒扣逆变换法

倒扣逆变换法的公式为

$$y_{ij} = -x_{ij} \tag{5-2}$$

该种方法是将原指标变为其相反数得到正向化指标。可以看出，这种线性变换不会改变指标值的分布规律。

5.1.3　指标正向化方法选择

露天煤矿开采扰动效应评价指标体系中的频现指标值数量级相差较大，如果采用倒数逆变换法将会使变换后的指标值变化很大，改变了原指标的分布规律，会对评价结果造成影响。所以本研究拟采用倒扣逆变换法对频现指标进行正向化处理。

5.2　指标无量纲化

露天开采扰动效应评价指标体系中的各个评价指标具有不同的量纲和数量级，直接将它们进行综合是不合适的，也没有实际意义，所以必须将指标值转化为无量纲的相对数以满足指标的"累加准则"。这种去掉指标量纲的过程，称为指标的无量纲化,它是进行指标综合的前提和基础。在多指标评价实践中,常将指标无量纲化以后的数值作为指标评价值,此时,无量纲化过程就是指标实际值转化为指标评价值的过程,无量纲化方法也就是指如何实现这种转化。从数学角度讲就是要确定指标评价值依赖于指标实际值的函数关系式。

指标无量纲化处理方法主要有线性无量纲化方法和非线性函数法两大类计10余种方法。目前常用的主要是线性无量纲化方法中的3种,即极差正规化法、标准化法和均值化法。

5.2.1 极差正规化法

设综合评价中共有 n 个评价对象,m 个指标,各指标分别为 x_1,x_2,$\cdots$,x_m,用 x_{ij}($i=1$,2,$\cdots$,n;$j=1$,2,$\cdots$,m)表示第 i 个评价对象的第 j 个原始指标值,y_{ij} 表示经过无量纲化处理的第 i 个评价对象的第 j 个指标值。极差正规化法的函数关系式为

$$y_{ij} = \frac{x_{ij} - \min_{1 \leqslant i \leqslant n}\{x_{ij}\}}{\max_{1 \leqslant i \leqslant n}\{x_{ij}\} - \min_{1 \leqslant i \leqslant n}\{x_{ij}\}} \tag{5-3}$$

极差正规化法中,处理后的指标值仅与原始指标的最大值和最小值有关,而与其他指标值无关。当原始指标的最大值与最小值之间的差距很大时,处理后的指标值就会过小,相当于降低了指标的权重;反之,当原始指标的最大值与最小值之间的差距很小时,处理后的指标值就会过大,相当于提高了指标的权重。即指标的两个值就对指标权重产生了很大影响。露天煤矿开采扰动效应评价指标体系中各指标在不同露天煤矿之间的差异性较大,如果采用极差变换法进行无量纲化处理,各指标的权重将会受极差值的影响较大,所以并不适用于本研究之中。

5.2.2 标准化法

标准化法进行指标无量纲化处理的函数关系式为

$$y_{ij} = \frac{x_{ij} - \bar{x}_j}{\sigma_j} \tag{5-4}$$

式中,$\bar{x}_j$ 和 σ_j 分别是指标 x_j 的均值和标准差。经标准化后,指标 y_j 的均值为0,方差为1,消除了量纲和数量级的影响。同时标准化法也消除了各指标变异程度上的差异,因此经过标准化后的数据不能准确反映原始数据所包含的信息,导致综合评价结果准确性较差。

5.2.3 均值化法

均值化法进行指标无量纲化处理的函数关系式为

$$y_{ij} = \frac{x_{ij}}{\bar{x}_j} \tag{5-5}$$

均值化后各指标的均值都为 1，其方差为

$$\mathrm{var}(y_{ij}) = E\big[\,(y_j - 1)^2\,\big] = \frac{E(x_j - \bar{x}_j)^2}{\bar{x}_j^{\,2}} = \frac{\mathrm{var}(x_j)}{\bar{x}_j^{\,2}} = \left(\frac{\delta_j}{\bar{x}_j}\right)^2 \tag{5-6}$$

采用均值化方法处理后各个指标的方差是各指标变异系数的平方，它保留了各指标变异程度的信息。

5.2.4　指标无量纲化方法选择

露天煤矿开采扰动效应评价指标体系中各指标在不同露天煤矿之间的差异性较大，无量纲化处理后的评价指标值是否保留了原始指标的变异程度信息对评价结果影响很大，所以露天煤矿开采扰动效应评价指标的无量纲化处理应采用均值化方法。

5.3　指标权重

5.3.1　权重确定

露天煤矿开采扰动效应评价指标体系共包含 23 个评价指标，属于多指标综合评价问题，各指标的权重大小反映了评价指标对综合评价结果的影响程度。

5.3.1.1　确定指标权重的常用方法

确定指标权重的常用方法一般包括如下 4 种。

1. 专家咨询法

这种方法又称作 Delphi 法，其具体做法是请专家各自独立反复填写对权重的设立的意见，不断地反馈信息以达到专家意见趋于一致的目的，得出一个较为合理的权重分配法。这种方法的优点是集中整合了大多数人的正确意见。缺点是由于不考虑少数人的意见，容易失去一部分信息，同时也缺乏科学的检验手段。

2. 主观经验法

该方法适用于对某一评价对象非常熟悉并很有把握的情况，这时可以直接采用主观经验法来加权。但是在权重分配方面要反映出评价对象的内部结构及其规律，防止因为权重分配不当而脱离实际或者产生偏离。而且权重的分配要符合客观实际的要求。该种方法的优点是可以根据测评目的与具体的要求而适当地变通分配，较灵活。缺点是这种方法测评的指标无法做到精确，只能是模糊的评价，且受测评人员的主观影响较大。

3. 多元分析法

这种方法是利用多元分析中的因素分析法及多元回归分析来计算各个测评指标的权重数。因素分析法一般是先将同一级的各个测评指标看作观察变量，并计算变量之间的相关系数，然后通过计算机进行因素分析与主成分分析，用以确定各个测评指标的权重。这种方法是把同级的单个测评指标看作与另一个高级的指标有关系的变量，并通过数学运算找出权重系数。这种方法的优点是比较适用于实际经济问题，适宜在多种因素综合影响下使用。缺点是在选用何种因素和该因素采用何种表达式时，只是一种推测。这影响了因素的多样性和不可测性，使回归分析在某些情况下受到限制。

4. 层次分析法

层次分析法是一种多目标决策方法。层次分析法首先将测评目标分解为一个多级指标，在同一层次上根据相对重要性计算出每项指标的相对优先权重。层次分析法把专家的经验认识与理性分析结合起来，并且两两对比分析的直接比较法，使比较过程中的不确定因素得到很大程度的降低。因此，层次分析法是目前确定权重中的常用方法。

露天开采扰动效应综合评价指标体系，是一个既有定性指标又有定量指标的多准则、多指标综合评价体系，宜采用层次分析法确定各指标的权重。

5.3.1.2　层次分析法确定指标权重

层次分析法是从定性分析到定量分析综合集成的一种典型的系统工程方法，通过选择标度、建立层次分析结构模型、构造评价比较矩阵、构造判断矩阵、权向量计算及一致性检验五个步骤计算各层次构成要素对于总目标的组合权重，从而得出不同备选方案的综合评价值，为选择最优方案提供依据。

1. 层次分析法标度的选择

我国学者将层次分析法（AHP）引入并做了一系列的改进，特别是在标度方法方面，我国学者试图通过改进既有标度或重新确立新标度，以利于比较矩阵的填写或改善判断矩阵的一致性。目前的主要标度法有：$0 \sim 2$ 三标度法、$-1 \sim 1$ 三标度法、$-2 \sim 2$ 五标度法、$9/9 \sim 9/1$ 分数标度法、$10/10 \sim 18/2$ 分数标度法、$9^{0/9} \sim 9^{9/9}$ 指数标度法、$e^{0/5} \sim e^{8/5}$ 指数标度法和 $e^{0/4} \sim e^{8/4}$ 指数标度法等十几种。随着层次分析新标度方法的不断出现，人们在应用该方法时也遇到了一个关键性的问题——面对种类繁多的标度方法，无法确定何种标度方法是最优的。甚至，对于同一问题采用不同的标度，会得到不同的权重和不同的排序。因此，在应用层次分析法进行综合评价时应首先选择适当的标度方法。骆正清等用保序性、一致性、标度均匀性、标度可记忆性、标度可感知性和标度权重拟合性等标准，综合评价层次分析法中的不同标度，研究结论是：对单一准则下的排序建议使用 $1 \sim 9$ 标度；对精度要求较高的多准则下的排序问题建议使用指数标度 $e^{0/5} \sim e^{8/5}$ 或 $e^{0/4} \sim e^{8/4}$。露天开采扰动效应综合评价指标体系模型为多准则下的排序问题，因此应选用指数标度，本研究选用 $e^{0/5} \sim e^{8/5}$ 指数标度法。

2. 建立层次分析结构模型

根据层次分析（AHP）的基础理论，本研究构建的露天开采扰动效应综合评价指标体系模型分为 3 层，分别为目标层 G、准则层 C 和指标层 A，如图 4 – 1 所示。

3. 构造评价比较矩阵

比较矩阵 R 建立的原则见式（5 – 7）。

$$r_{ij} = \begin{cases} e^{0/5}, & \text{指标 } i \text{ 与 } j \text{ 同样重要} \\ e^{1/5}, & \text{指标 } i \text{ 比 } j \text{ 微小重要} \\ e^{2/5}, & \text{指标 } i \text{ 比 } j \text{ 稍微重要} \\ e^{3/5}, & \text{指标 } i \text{ 比 } j \text{ 更为重要} \\ e^{4/5}, & \text{指标 } i \text{ 比 } j \text{ 明显重要} \\ e^{5/5}, & \text{指标 } i \text{ 比 } j \text{ 十分重要} \\ e^{6/5}, & \text{指标 } i \text{ 比 } j \text{ 强烈重要} \\ e^{7/5}, & \text{指标 } i \text{ 比 } j \text{ 更强烈重要} \\ e^{8/5}, & \text{指标 } i \text{ 比 } j \text{ 极端重要} \end{cases} \tag{5-7}$$

4. 构造判断矩阵

可用各评价指标的样本标准差：$s(i) = \left[\sum\limits_{j=1}^{m} (r(i,j) - \bar{r}_i)^2 / m \right]^{\frac{1}{2}}$ 反映各评价指标对综合评价的影响程度，并用于构造判断矩阵 B，其中，$\bar{r}_i = \sum\limits_{j=1}^{m} r(i,j) / m$ 为各评价指标下样本系列的均值，$i = 1 \sim n$，按式（5 – 7）可得判断矩阵：

$$b_i = \begin{cases} \dfrac{s(i) - s(j)}{s_{max} - s_{min}} (b_m - 1) + 1, & s(i) \geqslant s(j) \\ 1 / \left[\dfrac{s(j) - s(i)}{s_{max} - s_{min}} (b_m - 1) + 1 \right], & s(i) < s(j) \end{cases} \tag{5-8}$$

式中，s_{max}、s_{min} 分别为 $\{s(i) \mid i = 1 \sim n\}$ 的最大值和最小值；根据所选择的标度法，相对重要性程度 $b_m = \min\{9, \text{int}[s_{max}/s_{min} + 0.5]\}$，min 和 int 分别是取最小值运算和取整运算。

5. 权向量计算及一致性检验

（1）采用特征根法计算最大特征根 λ_{max} 和排序权向量 w。

计算 B 矩阵的最大特征根 λ_{max}：

$$\lambda_{max} = \sum_{i=1}^{n} \frac{v_i}{n \bar{w}_i} \tag{5-9}$$

式中，v_i 表示向量 V 的第 i 个元素，有：

$$V = \{\nu_1, \nu_2, \cdots, \nu_n\}^{\mathrm{T}} = \begin{bmatrix} b_{1,1} & b_{1,2} & \cdots & b_{n,m} \\ b_{2,1} & b_{2,2} & \cdots & b_{n,m} \\ \vdots & \vdots & & \vdots \\ b_{n,1} & b_{n,2} & \cdots & b_{n,m} \end{bmatrix} \begin{bmatrix} \overline{w}_1 \\ \overline{w}_2 \\ \vdots \\ \overline{w}_n \end{bmatrix} \qquad (5-10)$$

由特征根法可计算出排序权向量 W 为

$$W = \{\overline{w}_1, \overline{w}_2, \cdots, \overline{w}_n\} \qquad (5-11)$$

（2）一致性检验。对判断矩阵进行一致性检验，计算其随机一致性比率 CR：

$$CR = \frac{CI}{RI} \qquad (5-12)$$

其中：

$$CI = \frac{1}{(n-1)}(\lambda_{\max} - n) \qquad (5-13)$$

式中，CR 为判断矩阵的随机一致性比率；CI 为判断矩阵的一般一致性指标；RI 为平均一致性指标。

若 $CR < 0.1$，表明判断矩阵具有可接受的一致性，从而证明权数分配是合理的；否则，即是判断矩阵偏离一致性程度过大而需进一步修正。

（3）判断矩阵一致性改进的方法。对判断矩阵一致性的改进是 AHP 中一个很重要的内容。国内外很多学者已经对判断矩阵一致性改进的方法进行了深入的研究并取得了一定的效果。但是有些方法比较复杂，实际运用过程中难度较大。李梅霞提出了一种新的改进判断矩阵一致性的方法，并得到了广泛的应用，应用结果证明该方法简单有效且符合实际，所以本研究采用此方法改进判断矩阵的一致性。具体算法如下：

① 计算判断矩阵 B 的各列归一化向量 β_j，$j \in \Omega$；

② 求出诱导矩阵 $C = (c_{ij})_{n \times n}$；

③ 找出使 $|c_{ij} - 1|$（$\forall_i$，$j \in \Omega$）达到最大值的 i，j，即为 k，l；

④ 若 $c_{kl} > 1$，则若 b_{kl} 为整数，令 $b'_{kl} = b_{kl} - 1$，否则令 $b'_{kl} = \dfrac{b_{kl}}{b_{kl+1}}$；若 $c_{kl} < 1$，

则若 b_{kl} 为整数，令 $b'_{kl} = b_{kl} + 1$，否则令 $b'_{kl} = \dfrac{b_{kl}}{b_{kl-1}}$；

⑤ 令 $b'_{lk} = 1/b'_{kl}$，$b'_{ij} = b_{ij}$，I，$j \in \Omega$ 且 i，$j \neq k$，l；

⑥ 若 $B' = (b'_{ij})_{n \times n}$ 具有满意的一致性，则停止，B' 即为求得的具有满意一致性的判断矩阵，否则，则用 B' 代替 B 重复上述步骤即可，直到具有满意的一致性。

5.3.2 权重排序

5.3.2.1 权重计算

1. 构造评价比较矩阵

应用指数标度法根据式（5-7）构造比较矩阵 R。

$$R =$$

```
1.000 0.819 1.492 1.492 1.822 1.822 1.822 1.221 2.718 2.226 2.226 1.221 1.822 1.822 1.822 2.226 3.320 3.320 2.226 2.226 1.221 1.822 1.822 1.822 1.822 2.226 2.718 4.055
1.000 0.819 1.492 1.492 1.822 1.822 1.822 1.221 2.718 2.226 2.226 1.221 1.822 1.822 1.822 2.226 3.320 3.320 2.226 2.226 1.221 1.822 1.822 1.822 1.822 2.226 2.718 4.055
1.221 1.000 1.822 1.822 2.226 2.226 2.226 1.492 3.320 2.718 2.718 1.492 2.226 2.226 2.226 2.718 4.055 4.055 2.718 2.718 1.492 2.226 2.226 2.226 2.226 2.718 3.320 4.953
0.670 0.549 1.000 1.000 1.221 1.221 1.221 0.819 1.822 1.492 1.492 0.819 1.000 1.000 1.221 1.492 4.055 4.055 4.953 1.492 0.819 1.000 1.000 1.000 1.221 1.221 1.492 4.953
0.549 0.449 0.819 0.819 1.000 1.000 1.000 0.670 1.492 1.221 1.221 0.670 0.819 0.819 1.000 1.221 2.718 2.718 2.226 1.221 0.670 0.819 0.819 0.819 1.000 1.000 1.221 2.718
0.549 0.449 0.819 0.819 1.000 1.000 1.000 0.670 1.492 1.221 1.221 0.670 0.819 0.819 1.000 1.000 2.226 2.226 1.822 1.000 0.670 0.819 0.819 0.819 1.000 1.000 1.221 2.226
0.549 0.449 0.819 0.819 1.000 1.000 1.000 0.670 1.492 1.221 1.221 0.670 0.819 0.819 1.000 1.000 2.226 2.226 1.822 1.000 0.670 0.819 0.819 0.819 1.000 1.000 1.221 1.822
0.670 0.549 1.000 1.000 1.221 1.221 1.221 0.819 1.822 1.492 1.492 0.819 1.000 1.000 1.221 1.221 2.718 2.718 2.226 1.221 0.819 1.000 1.000 1.000 1.221 1.221 1.822 1.822
0.368 0.301 0.549 0.549 0.670 0.670 0.670 0.449 1.000 0.819 0.819 0.449 0.549 0.549 0.670 0.670 1.492 1.492 1.221 0.670 0.449 0.549 0.549 0.549 0.670 0.670 1.000 2.226
0.819 0.670 1.221 1.221 1.492 1.492 1.492 1.000 2.226 1.822 1.822 1.000 1.221 1.221 1.492 1.492 3.320 3.320 2.718 1.492 1.000 1.221 1.221 1.221 1.492 1.492 2.226 2.718
0.819 0.670 1.221 1.221 1.492 1.492 1.492 1.000 2.226 1.822 1.822 1.000 1.221 1.221 1.492 1.492 3.320 3.320 2.718 1.492 1.000 1.221 1.221 1.221 1.492 1.492 2.226 2.718
0.670 0.549 1.000 1.000 1.221 1.221 1.221 0.819 1.822 1.492 1.492 0.819 1.000 1.000 1.221 1.221 2.718 2.718 2.226 1.221 0.819 1.000 1.000 1.000 1.221 1.221 1.822 2.226
0.247 0.202 0.368 0.368 0.449 0.449 0.449 0.301 0.670 0.549 0.549 0.301 0.368 0.368 0.449 0.449 1.000 1.000 0.819 0.449 0.301 0.368 0.368 0.368 0.449 0.449 0.670 1.000
0.247 0.202 0.368 0.368 0.449 0.449 0.449 0.301 0.670 0.549 0.549 0.301 0.368 0.368 0.449 0.449 1.000 1.000 0.819 0.449 0.301 0.368 0.368 0.368 0.449 0.449 0.670 1.000
0.247 0.202 0.368 0.368 0.449 0.449 0.449 0.301 0.670 0.549 0.549 0.301 0.368 0.368 0.449 0.449 1.000 1.000 0.819 0.449 0.301 0.368 0.368 0.368 0.449 0.449 0.670 1.000
0.549 0.449 0.819 0.819 1.000 1.000 1.000 0.670 1.492 1.221 1.221 0.670 0.819 0.819 1.000 1.000 2.226 2.226 1.822 1.000 0.670 0.819 0.819 0.819 1.000 1.000 1.492 2.226
0.301 0.247 0.449 0.449 0.549 0.549 0.549 0.368 0.819 0.670 0.670 0.368 0.449 0.449 0.549 0.549 1.221 1.221 1.000 0.549 0.368 0.449 0.449 0.449 0.549 0.549 0.819 1.221
0.549 0.449 0.819 0.819 1.000 1.000 1.000 0.670 1.492 1.221 1.221 0.670 0.819 0.819 1.000 1.000 2.226 2.226 1.822 1.000 0.670 0.819 0.819 0.819 1.000 1.000 1.492 1.822
0.549 0.449 0.819 0.819 1.000 1.000 1.000 0.670 1.492 1.221 1.221 0.670 0.819 0.819 1.000 1.000 2.226 2.226 1.822 1.000 0.670 0.819 0.819 0.819 1.000 1.000 1.492 1.822
0.819 0.670 1.221 1.221 1.492 1.492 1.492 1.000 2.226 1.822 1.822 1.000 1.221 1.221 1.492 1.492 3.320 3.320 2.718 1.492 1.000 1.221 1.221 1.221 1.492 1.492 2.226 2.718
0.368 0.301 0.549 0.549 0.670 0.670 0.670 0.449 1.000 0.819 0.819 0.449 0.549 0.549 0.670 0.670 1.492 1.492 1.221 0.670 0.449 0.549 0.549 0.549 0.670 0.670 1.000 1.221
0.449 0.368 0.670 0.670 0.819 0.819 0.819 0.549 1.221 1.000 1.000 0.549 0.670 0.670 0.819 0.819 1.822 1.822 1.492 0.819 0.549 0.670 0.819 0.819 0.819 1.000 1.000 1.492
0.449 0.368 0.670 0.670 0.819 0.819 0.819 0.549 1.221 1.000 1.000 0.549 0.670 0.670 0.819 0.819 1.822 1.822 1.492 0.819 0.549 0.670 0.819 0.819 0.819 1.000 1.000 1.492
0.301 0.247 0.449 0.449 0.549 0.549 0.549 0.368 0.819 0.670 0.670 0.368 0.449 0.449 0.549 0.549 1.221 1.221 1.000 0.549 0.368 0.449 0.549 0.549 0.549 0.670 0.670 1.000
```

2. 构造判断矩阵

根据式（5-8）构造判断矩阵 B。

$$
B =
\begin{bmatrix}
4.007 & 4.007 & 4.198 & 3.484 & 3.132 & 3.132 & 3.484 & 2.179 & 3.771 & 3.771 & 3.484 & 0.805 & 0.805 & 3.132 & 1.539 & 3.132 & 1.539 & \cdots \\
4.007 & 4.007 & 4.198 & 3.484 & 3.132 & 3.132 & 3.484 & 2.179 & 3.771 & 3.771 & 3.484 & 0.805 & 0.805 & 3.132 & 1.539 & & & \\
4.940 & 4.940 & 5.131 & 4.417 & 4.066 & 4.066 & 4.417 & 3.113 & 4.705 & 4.705 & 4.417 & 1.691 & 1.691 & 4.066 & 2.473 & & & \\
2.665 & 2.665 & 2.856 & 2.142 & 1.790 & 1.790 & 2.142 & 0.860 & 2.429 & 2.429 & 2.142 & 0.387 & 0.387 & 1.790 & 0.555 & & & \\
2.171 & 2.171 & 2.362 & 1.648 & 1.296 & 1.296 & 1.648 & 0.604 & 1.935 & 1.935 & 1.648 & 0.325 & 0.325 & 1.296 & 0.435 & & & \\
2.171 & 2.171 & 2.362 & 1.648 & 1.296 & 1.296 & 1.648 & 0.604 & 1.935 & 1.935 & 1.648 & 0.325 & 0.325 & 1.296 & 0.435 & & & \\
2.665 & 2.665 & 2.856 & 2.142 & 1.790 & 1.790 & 2.142 & 0.860 & 2.429 & 2.429 & 2.142 & 0.387 & 0.387 & 1.790 & 0.555 & & & \\
1.434 & 1.434 & 1.625 & 0.918 & 0.694 & 0.694 & 0.918 & 0.418 & 1.199 & 1.199 & 0.918 & 0.262 & 0.262 & 0.694 & 0.330 & & & \\
3.269 & 3.269 & 3.460 & 2.746 & 2.394 & 2.394 & 2.746 & 1.441 & 3.034 & 3.034 & 2.746 & 0.505 & 0.505 & 2.394 & 0.835 & & & \\
3.269 & 3.269 & 3.460 & 2.746 & 2.394 & 2.394 & 2.746 & 1.441 & 3.034 & 3.034 & 2.746 & 0.505 & 0.505 & 2.394 & 0.835 & & & \\
2.665 & 2.665 & 2.856 & 2.142 & 1.790 & 1.790 & 2.142 & 0.860 & 2.429 & 2.429 & 2.142 & 0.387 & 0.387 & 1.790 & 0.555 & & & \\
0.944 & 0.944 & 1.131 & 0.632 & 0.517 & 0.517 & 0.632 & 0.346 & 0.772 & 0.772 & 0.632 & 0.232 & 0.232 & 0.517 & 0.284 & & & \\
0.944 & 0.944 & 1.131 & 0.632 & 0.517 & 0.517 & 0.632 & 0.346 & 0.772 & 0.772 & 0.632 & 0.232 & 0.232 & 0.517 & 0.284 & & & \\
0.944 & 0.944 & 1.131 & 0.632 & 0.517 & 0.517 & 0.632 & 0.346 & 0.772 & 0.772 & 0.632 & 0.232 & 0.232 & 0.517 & 0.284 & & & \\
2.171 & 2.171 & 2.362 & 1.648 & 1.296 & 1.296 & 1.648 & 0.604 & 1.935 & 1.935 & 1.648 & 0.325 & 0.325 & 1.296 & 0.435 & & & \\
1.162 & 1.162 & 1.353 & 0.735 & 0.584 & 0.584 & 0.735 & 0.375 & 0.932 & 0.932 & 0.735 & 0.245 & 0.245 & 0.584 & 0.303 & & & \\
2.171 & 2.171 & 2.362 & 1.648 & 1.296 & 1.296 & 1.648 & 0.604 & 1.935 & 1.935 & 1.648 & 0.325 & 0.325 & 1.296 & 0.435 & & & \\
2.149 & 2.149 & 2.340 & 1.626 & 1.275 & 1.275 & 1.626 & 0.596 & 1.914 & 1.914 & 1.626 & 0.323 & 0.323 & 1.275 & 0.431 & & & \\
3.269 & 3.269 & 3.460 & 2.746 & 2.394 & 2.394 & 2.746 & 1.441 & 3.034 & 3.034 & 2.746 & 0.505 & 0.505 & 2.394 & 0.835 & & & \\
1.434 & 1.434 & 1.625 & 0.918 & 0.694 & 0.694 & 0.918 & 0.418 & 1.199 & 1.199 & 0.918 & 0.262 & 0.262 & 0.694 & 0.330 & & & \\
1.765 & 1.765 & 1.956 & 1.242 & 0.902 & 0.902 & 1.242 & 0.485 & 1.530 & 1.530 & 1.242 & 0.287 & 0.287 & 0.902 & 0.370 & & & \\
1.765 & 1.765 & 1.956 & 1.242 & 0.902 & 0.902 & 1.242 & 0.485 & 1.530 & 1.530 & 1.242 & 0.287 & 0.287 & 0.902 & 0.370 & & & \\
1.162 & 1.162 & 1.353 & 0.735 & 0.584 & 0.584 & 0.735 & 0.375 & 0.932 & 0.932 & 0.735 & 0.245 & 0.245 & 0.584 & 0.303 & & &
\end{bmatrix}
$$

3. 权向量计算及一致性检验

根据式（5 - 9）计算 B 矩阵的最大特征根 $\lambda_{max} = 23.52$。

由特征根法可计算出排序权向量 W 为

$W = [\, 0.0726 \quad 0.0726 \quad 0.0800 \quad 0.0543 \quad 0.0443 \quad 0.0443 \quad 0.0543 \quad 0.0253$
$0.0639 \quad 0.0639 \quad 0.0543 \quad 0.0130 \quad 0.0130 \quad 0.0130 \quad 0.0443 \quad 0.0182 \quad 0.0443$
$0.0484 \quad 0.0639 \quad 0.0253 \quad 0.0342 \quad 0.0342 \quad 0.0182 \,]$。

4. 一致性检验

根据式（5 - 12）对判断矩阵进行一致性检验,计算其随机一致性比率 $CR = 0.014$。$CR < 0.1$，表明判断矩阵具有可接受的一致性，从而证明权数分配是合理的。

各评价指标的权重见表 5 - 1。

表 5 - 1　各评价指标权重

序号	指 标 名 称	简 写	权 重	备 注
1	土地生产力弹性系数	LPR	0.0800	
2	土地压占复垦率	OLRR	0.0726	
3	土地挖损恢复率	EIRR	0.0726	
4	土地压占强度	LOI	0.0639	
5	土地挖损强度	LEI	0.0639	
6	生态环境状况指数	EEI	0.0639	
7	剥离物外排强度	OBEDI	0.0543	
8	采复一体化指数	MRII	0.0543	
9	内排采空区面积指数	MGAI	0.0543	
10	气体污染物当量排放强度	EAPEI	0.0484	
11	"三废"处理率	PTR	0.0443	
12	水污染物当量排放强度	EWPEI	0.0443	
13	粉尘排放强度	DEI	0.0443	
14	粉尘收集率	DCR	0.0443	
15	偶发噪声最大声级	SNMSL	0.0342	
16	频发噪声最大声级	FNMSL	0.0342	
17	能耗强度	EI	0.0253	
18	电能比重系数	EER	0.0253	
19	坑下排水强度	PDI	0.0182	

表5-1（续）

序号	指标名称	简写	权重	备注
20	地下水疏干强度	DWI	0.0182	
21	采掘场境界面积指数	QAI	0.0130	
22	排土场境界面积指数	EDAI	0.0130	
23	矿岩采剥强度	OBRI	0.0130	

5.3.2.2 权重分布

露天煤矿开采扰动效应评价指标权重分布曲线如图5-1所示。

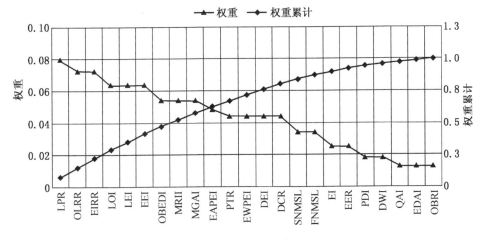

图5-1　指标权重分布曲线

23个评价指标权重的计算结果显示：权重从高到低排序后，排在前三位的分别是土地生产力弹性系数（LPR）、土地挖损恢复率（EIRR）和土地压占复垦率（OLRR），三者均为扰动补偿指标；LPR对露天煤矿开采扰动指数的影响权重最高（为0.0800），这与露天开采需要压占和挖损大面积土地的特点是相符的，也反映了复垦的效果对SMDI的影响最大；EIRR和OLRR的影响权重处于并列第二位（为0.0726），表明内排跟进以及复垦的及时性对露天煤矿开采扰动效应的强弱影响很大，此为露天煤矿设计及生产过程中减弱扰动效应指明了技术方向，且对露天煤矿实际生产同样具有指导意义；权重最低的评价指标为矿岩采剥强度（OBRI），其权重为0.0130，表明露天煤矿剥采比对SMDI的影响较小，剥采比大的露天煤矿如果在规划、设计和生产组织管理过程中决策合理,其SMDI并不一定大。

5.4　露天煤矿开采扰动指数综合合成

5.4.1　综合合成方法

露天煤矿开采扰动效应综合评价即是根据各指标权重、评价对象各指标的样本数据，在进行正向化处理以及无量纲化处理后，即可进行露天煤矿开采扰动指数（SMDI）的计算，该计算过程称为露天煤矿开采扰动指数的综合合成。

露天煤矿开采扰动指数的综合合成方法为

$$SMDI_j = 100 \times \sum_{i=1}^{n} w_i \cdot r_{(i,j)} \tag{5-14}$$

式中　　$SMDI_j$——第 j 个露天煤矿的开采扰动指数；

w_i——第 i 个指标的权重；

$r_{(i,j)}$——第 j 个露天煤矿第 i 个指标的评价值；

i——指标个数；

j——露天煤矿个数。

露天煤矿开采扰动指数（SMDI）为 $-100 \sim +100$ 之间的数值，SMDI 越大，说明该露天煤矿开采过程中对外部要素的扰动效应越强，反之则越弱，据此可进行科学决策。

5.4.2　指数的综合关联性分析

露天煤矿开采扰动效应的影响因素很多，从各评价指标权重的大小来看，土地生产力弹性系数（LPR）对 SMDI 的影响权重最高，表明 SMDI 与矿区内土地生产力的变化（即复垦）情况的关联性最大，而非直观上破坏或恢复土地面积的大小；土地挖损恢复率（EIRR）和土地压占复垦率（OLRR）对 SMDI 的影响权重处于并列第二位，表明 SMDI 与内排跟进以及复垦及时性关联性较大；矿岩采剥强度（OBRI）对 SMDI 的影响权重最低，表明 SMDI 与露天煤矿剥采比的关联性最小，剥采比大的露天煤矿如果在规划、设计和生产组织管理过程中决策合理，其 SMDI 并不一定大。

5.5　露天煤矿开采扰动效应评价标准

露天煤矿开采扰动指数评价等级定义及 SMDI 值对照见表 5-2。

表 5-2　露天煤矿开采扰动指数（SMDI）评价等级定义及 SMDI 值对照表

等级	A	B	C	D	E	F
定义	卓越	优秀	良好	合格	差	极差
SMDI 值	100 ~ 80	80 ~ 50	50 ~ 10	10 ~ -10	-10 ~ -50	-50 ~ -100

6 中国典型露天煤矿开采扰动效应

6.1 开采扰动效应评价指标计算概述

6.1.1 典型露天煤矿选取

为了进一步验证露天煤矿开采扰动效应评价模型的适应性和正确性，选取国内主要煤炭矿区的 10 个露天煤矿作为研究对象进行实证研究。选取的露天煤矿名称的对应编号见表 6 - 1。

表 6 - 1 露天煤矿名称对应编号

编号	露天煤矿名称	编号	露天煤矿名称
A 矿	准格尔矿区黑、哈露天煤矿	F 矿	白音华矿区某露天煤矿
B 矿	伊敏矿区某露天煤矿	G 矿	胜利矿区露天煤矿 1
C 矿	元宝山矿区某露天煤矿	H 矿	胜利矿区露天煤矿 2
D 矿	霍林河矿区露天煤矿 1	I 矿	平朔矿区某露天煤矿
E 矿	霍林河矿区露天煤矿 2	J 矿	准东煤田大井矿区某露天煤矿

6.1.2 数据采集及处理

采用数据为各露天煤矿 2006—2015 年现场验收数据及 2005—2016 年共 12 期 Landsat TM 影像。Landsat TM 影像用线性拉伸和直方图均衡法对 TM 数据进行处理，选择高斯·克吕格投影空间为校正空间，运用各矿区 1∶10000 或 1∶50000 地形图，采用地形图到图像的方式对遥感图像进行几何精校正。在 ENVI 和 ERDAS IMAGINE 遥感图像处理软件中以研究区大边界的矢量图建立目的兴趣区，与几何校正后的遥感图像进行运算，准确提取其相关信息，并进行误差校正和投影变换，得到具有完整地理要素的研究区大边界影像图和矢量图。为了突出影像信息，达到影像增强的目的，运用主成分分析（PCA）方法将 TM 影像的多波段信息压缩到少数几个转换波段上。

附图 1～附图 12 是 A 矿 2005—2016 年 12 个时期 TM 影像中的 3 个主成分的合成影像。

6.2 中国典型露天煤矿2006—2015年扰动频现指标演化轨迹

6.2.1 土地挖损强度 (LEI)

2006—2015年各矿山LEI演化值见表6-2，演化曲线如图6-1所示。

表6-2 2006—2015年各矿山LEI演化值

	2006	2007	2008	2009	2010	2011	2012	2013	2014	2015	均值
A矿	-0.51	-0.60	-0.63	-0.53	-0.42	-0.28	-0.24	-0.29	-0.31	-0.33	-0.41
B矿	-0.31	-0.29	-0.25	-0.33	-0.19	-0.95	-1.02	-0.87	-1.19	-0.87	-0.63
C矿	-1.05	-0.90	-0.80	-0.78	-0.66	-0.57	-0.59	-0.41	-0.43	-0.44	-0.66
D矿	-0.49	-0.44	-0.60	-0.70	-0.46	-0.32	-0.35	-0.36	-0.30	-0.31	-0.43
E矿	-4.16	-2.60	-2.02	-1.56	-1.29	-0.64	-0.70	-0.77	-0.70	-0.85	-0.93
F矿	—	—	—	—	-4.33	-3.00	-2.04	-2.16	-1.91	-2.69
G矿	—	-1.37	-1.09	-1.21	-0.95	-0.56	-0.50	-0.53	-0.47	-0.74	-0.82
H矿	—	—	—	-3.78	-1.15	-0.98	-1.20	-1.54	-4.46	-4.71	-2.54
I矿	-0.61	-0.77	-0.96	-0.81	-0.58	-0.14	-0.13	-0.12	-0.15	-0.16	-0.44
J矿	—	—	—	—	-3.53	-1.32	-1.30	-0.53	-0.39	-0.21	-1.21

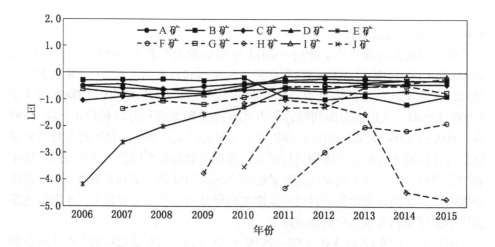

图6-1 2006—2015年各矿山LEI演化曲线

从图 6-1 可知，2006—2015 年大部分露天煤矿的 LEI 值呈波动变化，但变化不大，表明 2006—2015 年这些矿开采过程中产出单位标准煤需要挖损的生物生产性土地面积的变化不大；E 矿、F 矿、H 矿和 J 矿的 LEI 值表现为前期比较小，逐渐增大并趋于稳定，因为这些矿的指标值包含了露天煤矿生产初期，剥采比较大，采掘场地表水平开挖面积远大于垂直开挖面积，导致露天煤矿生产初期产出单位标准煤需要挖损的生物生产性土地面积较大。

A 矿的 LEI 均值最优，为 -0.41。主要是因为该矿最下部煤台阶采用端帮靠帮开采技术，在提高资源回收率和降低剥离量的同时，也增大了采掘场最终帮坡角；该矿采用综合开采工艺，即第四系采用轮斗挖掘机—带式输送机—排土机连续开采工艺（2014 年以前），煤层顶板以上平均厚度 45 m 岩石采用抛掷爆破—吊斗铲倒堆开采工艺（2010 年以后），煤采用单斗挖掘机—卡车—半移动破碎站—带式输送机半连续开采工艺，部分组合台阶增大了工作帮坡角；该矿 2005 年剥离物开始内排，2009 年实现剥离物完全内排，内排土场跟进情况较好。以上因素最终使该矿在 2006—2015 年开采过程中土地挖损强度较小，产生的负向扰动效应较弱。

F 矿的 LEI 均值最为不利，为 -2.69。主要是因为该矿煤层埋藏较深，且正处于露天煤矿生产初期，剥采比较大；坑下煤、岩均采用单斗—卡车间断开采工艺，工作帮坡角较小；该矿 2011 年移交生产，到 2015 年时内排土场的跟进情况还没有转好。以上这些因素最终导致该矿在 2006—2015 年开采过程中土地挖损强度较大，产生的负向扰动效应较强。

H 矿的 LEI 均值也较小，为 -2.54，且波动较大，从 2013 年的 -1.54 到 2014 年的 -4.46。主要是因为该矿正处于露天煤矿生产初期，使 2009 年剥采比较大，2010 年达产后，LEI 值已经增大到正常水平，但 2012—2013 年该矿采掘场南端帮出现了较大的滑坡，为了减小对矿山正常生产的影响，该矿从 2013 年末开始增加了较多的采掘和运输设备来清理滑坡体，无形中增加了较大的二次剥离的面积和体积，导致该矿 2013—2015 年，尤其是 2014—2015 年开采过程中土地挖损强度较大，产生的负向扰动效应较强。

6.2.2 土地压占强度（LOI）

2006—2015 年各矿山 LOI 演化值见表 6-3，演化曲线如图 6-2 所示。

表 6-3 2006—2015 年各矿山 LOI 演化值

	2006	2007	2008	2009	2010	2011	2012	2013	2014	2015	均值
A 矿	-0.35	-0.69	-0.49	-0.62	-0.28	-0.09	-0.08	-0.04	0	0	-0.27
B 矿	-0.92	-0.86	-1.05	-0.61	0	0	0	0	0	0	-0.34

表6-3（续）

	2006	2007	2008	2009	2010	2011	2012	2013	2014	2015	均值
C矿	-0.80	-0.67	-0.59	-0.58	-0.49	-0.20	-0.21	-0.15	-0.15	-0.16	-0.40
D矿	-1.58	-1.55	-1.28	-1.50	-1.41	-0.85	-0.93	-1.05	-1.02	-1.15	-1.23
E矿	-4.82	-2.81	-1.84	-2.08	-1.50	-1.41	-1.47	-1.68	-0.89	-0.92	-1.42
F矿	—	—	—	—	—	-4.37	-2.78	-1.90	-2.03	-1.84	-2.59
G矿	—	-1.06	-0.76	-0.86	-0.68	-0.40	-0.40	-0.37	0	0	-0.50
H矿	—	—	—	-3.40	-1.03	-1.23	-1.44	-1.74	-4.36	-4.48	-2.53
I矿	-0.20	-0.19	-0.20	-0.17	-0.13	-0.08	0	0	0	0	-0.10
J矿	—	—	—	—	-4.09	-2.47	-1.27	-0.45	-0.29	-0.41	-1.50

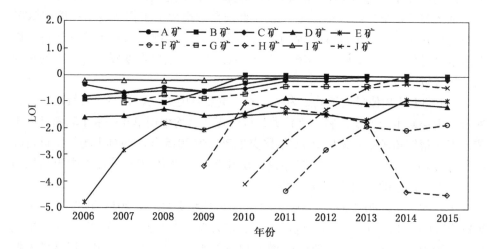

图6-2　2006—2015年各矿山LOI演化曲线

从图6-2可知，2006—2015年大部分露天煤矿的LOI值呈波动变化，但变化不大，表明2006—2015年这些矿开采过程中产出单位标准煤需要压占的生物生产性土地面积的变化不大；E矿、F矿、H矿和J矿的LOI值表现为前期比较小，逐渐增大并趋于稳定，因为这些矿的指标值包含了露天煤矿生产初期，剥采比较大，排土场水平压占面积远大于垂直压占面积，导致开采过程中产出单位标准煤需要压占的生物生产性土地面积较大。

I矿的LOI均值最优，为-0.10。主要是因为该矿煤层埋藏较浅，剥采比较小，且该矿从2003年剥离物开始内排，2012年实现剥离物完全内排，使该矿2006—2015年开采过程中土地压占强度较小，产生的负向扰动效应较弱，其中完全内排的年份 LOI 值为零。

F 矿 LOI 均值最为不利，为 -2.59。主要是因为该矿煤层埋藏较深，且正处于露天煤矿生产初期，剥采比较大；该矿 2011 年移交生产，到 2015 年时内排量较小，外排量较大，且外排土场也处于生产初期，排土场水平压占面积远大于垂直压占面积。以上因素最终导致该矿 2006—2015 年开采过程中土地压占强度较大，产生的负向扰动效应较强。

H 矿的 LOI 均值也较小，为 -2.53，且波动较大，从 2013 年的 -1.74 到 2014 年的 -4.36。主要是因为该矿正处于露天煤矿生产初期，使 2009 年剥采比较大，2010 年达产后，LOI 值已经增大到正常水平，但 2012—2013 年该矿采掘场南端帮出现了较大的滑坡，为了减小对矿山正常生产的影响，该矿从 2013 年末开始增加了较多的采掘和运输设备来清理滑坡体，无形中增加了较大的二次剥离量，导致该矿 2013—2015 年，尤其是 2014—2015 年开采过程中土地压占强度较大。

A 矿的 LOI 均值仅次于 I 矿，也处于较为领先的水平，为 -0.27。主要是因为该矿煤层埋藏较浅，剥采比较小，且该矿从 2005 年剥离物开始内排，2014 年实现剥离物完全内排；该矿采用端帮靠帮开采技术，增大了采掘场最终帮坡角，增加了内排空间，减小了剥离物外排量；该矿相邻两个采区共用一个端帮，两采区在生产中工作线形态呈现"一前一后、追踪开采"的方式，南部采区在前，采用"留沟内排"的方式，在减小剥离运距的情况下，最大限度地减小了开采端帮压煤的二次剥离量，进而减小了剥离物外排量，且从 2009 年开始北部采区的剥离物就部分近排到了南部采区的内排土场上，减小了剥离物外排量。以上因素最终使该矿在 2006—2015 年开采过程中土地压占强度较小，产生的负向扰动效应较弱，其中完全内排的年份 LOI 值为零。

6.2.3 粉尘排放强度（DEI）

2006—2015 年各矿山 DEI 演化值见表 6-4，演化曲线如图 6-3 所示。

表 6-4 2006—2015 年各矿山 DEI 演化值

	2006	2007	2008	2009	2010	2011	2012	2013	2014	2015	均值
A 矿	-0.38	-0.45	-0.48	-0.43	-0.41	-0.35	-0.33	-0.33	-0.34	-0.34	-0.38
B 矿	-0.36	-0.30	-0.27	-0.23	-0.22	-0.19	-0.23	-0.28	-0.33	-0.36	-0.28
C 矿	-0.31	-0.29	-0.31	-0.33	-0.35	-0.37	-0.42	-0.35	-0.38	-0.42	-0.35
D 矿	-2.20	-2.12	-1.96	-2.23	-2.49	-2.38	-2.25	-2.10	-1.96	-1.80	-2.15
E 矿	-3.27	-2.80	-2.51	-1.93	-1.53	-1.46	-1.62	-1.77	-1.73	-2.08	-1.73

表 6-4（续）

	2006	2007	2008	2009	2010	2011	2012	2013	2014	2015	均值
F 矿	—	—	—	—	—	-2.71	-1.94	-1.61	-1.86	-2.07	-2.04
G 矿	—	-0.94	-0.64	-0.74	-0.60	-0.40	-0.44	-0.70	-0.72	-1.10	-0.70
H 矿	—	—	—	-1.53	-0.81	-0.66	-0.74	-0.34	-0.17	-0.14	-0.63
I 矿	-0.22	-0.28	-0.38	-0.36	-0.31	-0.28	-0.26	-0.27	-0.30	-0.48	-0.31
J 矿						-2.24	-1.20	-1.09	-0.43	-0.35	-0.37	-0.95

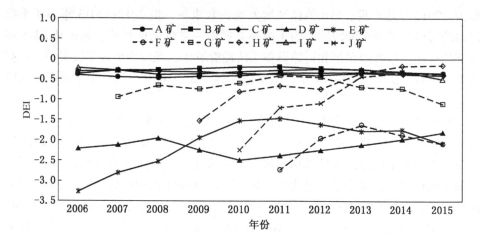

图 6-3　2006—2015 年各矿山 DEI 演化曲线

从图 6-3 可知，2006—2015 年部分露天煤矿的 DEI 值呈波动变化，说明各露天煤矿在产出单位标准煤需要排放的粉尘量不尽相同，且有明显区别，D 矿、E 矿、F 矿、J 矿的 DEI 值表现最为明显，说明其露天开采过程中产出单位标准煤需要排放的粉尘量相对较大。

B 矿的 DEI 均值最优，为 -0.28。主要由于该矿煤层埋藏倾角较小，且已开采多年，外排已结束并实现全内排，逐年裸露采坑面积较小，矿方在开采过程中也长期采用洒水降尘等有效措施，从而控制了在开采过程中产生的粉尘，使其产出单位标准煤需要排放的粉尘量最小，从排放的粉尘量角度，其露天开采对大气环境产生的负向扰动效应最弱。

D 矿的 DEI 均值最为不利，为 -2.15。主要是因为该矿受煤层赋存条件的影响，在露天开采过程中剥离物外排量较大，短时期内难以形成内排，且随着开采的逐渐加深，露天采坑裸露面积也逐渐增大，虽然矿方在开采过程中长期采用洒水降尘等有效措施，但这些因素还是直接导致了其在开采过程中将产生大量粉尘，从而导致其产出单位标准煤需要排放的粉尘量最大，从排放的粉尘量角度，其露天开采对大气环境产生的负向扰动效应最强。

A 矿的 DEI 均值居于中游靠前的位置，为 -0.38。主要是因为该矿煤层埋藏倾角较小，且已开采多年，部分采坑已实现了全内排，其外排土场和裸露采坑面积不大，矿方在开采过程中也长期采用洒水降尘等有效措施，使其产出单位标准煤需要排放的粉尘量一般，从排放的粉尘量角度，其露天开采对大气环境产生的负向扰动效应也一般。

6.2.4　气体污染物当量排放强度（EAPEI）

2006—2015 年各矿山 EAPEI 演化值见表 6-5，演化曲线如图 6-4 所示。

表 6-5　2006—2015 年各矿山 EAPEI 演化值

	2006	2007	2008	2009	2010	2011	2012	2013	2014	2015	均值
A 矿	-0.32	-0.31	-0.27	-0.21	-0.17	-0.14	-0.12	-0.11	-0.10	-0.09	-0.19
B 矿	-1.46	-1.12	-0.94	-0.70	-0.61	-0.40	-0.37	-0.36	-0.33	-0.31	-0.66
C 矿	-1.82	-1.29	-1.13	-0.96	-0.89	-0.76	-0.70	-0.47	-0.43	-0.39	-0.88
D 矿	-2.45	-1.95	-1.48	-1.39	-1.31	-1.23	-1.14	-1.04	-0.95	-0.84	-1.38
E 矿	-4.14	-3.08	-2.38	-1.57	-1.06	-0.86	-0.81	-0.74	-0.59	-0.57	-0.89
F 矿	—	—	—	—	—	-3.12	-1.77	-1.19	-1.12	-1.05	-1.65
G 矿	—	-2.17	-1.19	-1.15	-0.80	-0.44	-0.39	-0.55	-0.50	-0.64	-0.87
H 矿	—	—	—	-1.17	-0.71	-0.58	-0.68	-0.38	-0.29	-0.34	-0.59
I 矿	-0.36	-0.37	-0.43	-0.35	-0.26	-0.20	-0.18	-0.16	-0.15	-0.18	-0.26
J 矿	—	—	—	—	-3.88	-1.99	-1.78	-0.63	-0.47	-0.44	-1.53

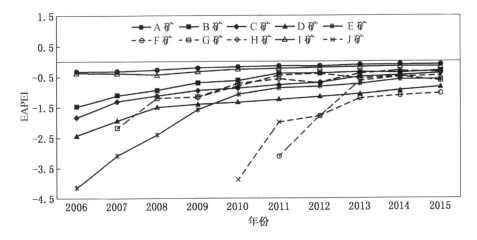

图 6-4　2006—2015 年各矿山 EAPEI 演化曲线

从图 6-4 可知，2006—2015 年露天煤矿的 EAPEI 值呈不稳定变化，说明各露天煤矿在产出单位标准煤需要排放的气体污染物有明显区别，也说明各矿主要燃油设备、供暖锅炉等设备数量和露天煤矿在气体污染物达标排放方面采取措施的有效性和烟气处理工艺技术各有区别。D 矿、F 矿和 J 矿的 EAPEI 均值表现最为不利，说明其露天煤矿开采过程中产出单位标准煤需要排放的气体污染物相对较大。

A 矿的 EAPEI 均值最优，为 -0.19。主要因为该矿已开采多年，各种燃油设备如卡车、挖掘机、推土机及其他辅助作业设备也较为及时地更新换代，原有排放标准较低的小型挖掘机、卡车等均已淘汰，且采取的开采工艺中的采、运、排设备其动力均以电为主，减少了较多的燃油消耗，从而降低了该矿的气体污染物当量排放强度，使得该矿在露天煤矿开采过程中产出单位标准煤需要排放的气体污染物最小，从排放气体污染物角度，对大气环境产生的负向扰动效应最弱。

F 矿的 EAPEI 均值最为不利，为 -1.65。主要因为该矿开采时间较短，在开采初期使用的燃油设备如卡车、挖掘机、推土机及其他辅助作业设备等较多且繁杂，同时在工程初期的外包期间，部分外包作业施工队伍使用的小型挖掘机、卡车等设备型号较老，排放标准较低，且各外包作业队伍对使用的燃油随意性也较大，从而导致该矿在产出单位标准煤需要排放的气体污染物最大，从排放气体污染物角度，对大气环境产生的负向扰动效应最强。

6.2.5 水污染物当量排放强度（EWPEI）

2006—2015 年各矿山 EWPEI 演化值见表 6-6，演化曲线如图 6-5 所示。

表 6-6　2006—2015 年各矿山 EWPEI 演化值

	2006	2007	2008	2009	2010	2011	2012	2013	2014	2015	均值
A 矿	-0.97	-1.03	-0.84	-0.74	-0.55	-0.47	-0.45	-0.44	-0.42	-0.36	-0.63
B 矿	-1.53	-0.96	-0.92	-0.72	-0.54	-0.53	-0.53	-0.53	-0.53	-0.53	-0.73
C 矿	-2.55	-1.59	-1.20	-0.83	-0.61	-0.49	-0.43	-0.27	-0.22	-0.17	-0.84
D 矿	-3.17	-2.47	-1.81	-1.64	-1.48	-1.41	-1.33	-1.24	-1.15	-1.06	-1.68
E 矿	-1.55	-1.23	-1.02	-0.91	-1.01	-0.96	-0.91	-1.01	-0.81	-0.71	-0.90
F 矿	—	—	—	—	—	-3.23	-2.13	-1.51	-1.49	-1.48	-1.97
G 矿	—	-1.95	-1.05	-1.01	-0.69	-0.40	-0.38	-0.56	-0.53	-0.73	-0.81
H 矿	—	—	—	-0.88	-0.63	-0.49	-0.53	-0.21	-0.06	-0.06	-0.41
I 矿	-2.40	-2.36	-2.54	-1.93	-1.36	-1.06	-0.98	-0.91	-0.91	-1.20	-1.57
J 矿	—	—	—	—	-1.94	-1.07	-0.80	-0.30	-0.24	-0.25	-0.77

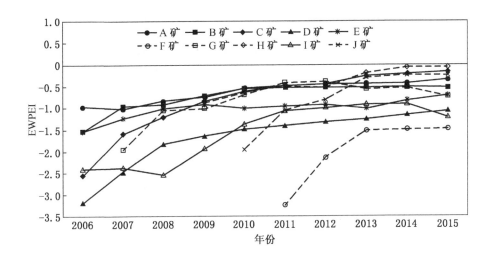

图 6-5 2006—2015 年各矿山 EWPEI 演化曲线

从图 6-5 可知，2006—2015 年大部分露天煤矿的 EWPEI 值呈波动变化趋势，总体均表现为随着时间发展逐渐变好。其中 D 矿、E 矿、F 矿和 I 矿的 EWPEI 值表现较为落后，说明它们产出单位标准煤需要排放到矿区以外的水污染物当量值较大，也反映了这些露天煤矿开采过程中对地表水环境的扰动效应较强。

H 矿的 EWPEI 均值最优，为 -0.41。主要是因为该矿为新建大型露天煤矿，建设初期就采用了较为先进的污水处理技术工艺，有效控制和高效利用了露天煤矿产生的生活污水和生产废水，从水污染物当量排放角度，该矿对地表水环境产生的扰动效应最弱。

F 矿的 EWPEI 均值最为不利，为 -1.97。主要是因为该矿原为小露天煤矿，在建成为大型露天煤矿初期，污水处理设施还依托原有小露天煤矿的原有设施，随着露天煤矿的建设和原有设备的更新换代，其 EWPEI 值也会逐渐变好，其开采过程中对地表水环境的扰动效应也会逐渐变弱。

A 矿的 EWPEI 均值仅次于 H 矿，也处于较优水平，为 -0.63。主要是因为该矿已建成并持续大规模开采多年，早已形成一套完整的水处理工艺系统，并对水资源进行了高效综合利用，各水处理设施也运行状态良好。因此，从水污染物当量排放角度，该矿对地表水环境产生的扰动效应很弱。

6.2.6 地下水疏干强度（DWI）

2006—2015 年各矿山 DWI 演化值见表 6-7，演化曲线如图 6-6 所示。

表6-7　2006—2015年各矿山 DWI 演化值

	2006	2007	2008	2009	2010	2011	2012	2013	2014	2015	均值
A 矿	-0.002	-0.002	-0.002	-0.002	-0.001	-0.001	-0.001	-0.001	-0.001	-0.001	-0.002
B 矿	-0.830	-0.646	-0.556	-0.428	-0.382	-0.254	-0.243	-0.240	-0.228	-0.219	-0.403
C 矿	-4.494	-3.956	-3.421	-3.136	-2.779	-2.354	-2.209	-1.888	-1.618	-1.577	-2.743
D 矿	-0.136	-0.108	-0.078	-0.070	-0.065	-0.063	-0.060	-0.057	-0.055	-0.053	-0.075
E 矿	-0.507	-0.241	-0.125	-0.078	-0.052	-0.044	-0.042	-0.040	-0.034	-0.036	-0.047
F 矿	—	—	—	—	—	-0.092	-0.054	-0.037	-0.036	-0.034	-0.051
G 矿	—	-0.084	-0.043	-0.039	-0.025	-0.013	-0.011	-0.016	-0.014	-0.017	-0.029
H 矿	—	—	—	-0.066	-0.038	-0.031	-0.037	-0.022	-0.019	-0.023	-0.034
I 矿	0.010	0.010	0.010	0.010	0.010	0.010	0.010	0.010	0.010	0.010	0.010
J 矿	—	—	—	0	0	0	0	0	0	0	0

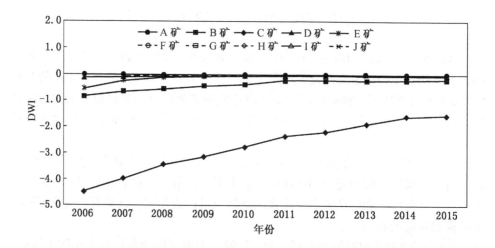

图6-6　2006—2015年各矿山 DWI 演化曲线

从图6-6可知，2006—2015年露天煤矿的 DWI 值呈大趋势递减变化，总体均表现为随着时间发展逐渐变好。其中 C 矿的 DWI 值表现最为突出和不利，其他各矿 DWI 值明显优于 C 矿。

J 矿的 DWI 均值最优，为0。主要是因为该矿的露天开采对地下水资源基本没有影响，也不会因为疏干地下水而产生电能消耗，表明该矿的露天开采对地下水环境产生的扰动效应最为轻微。

C 矿的 DWI 均值最为不利，为-2.743。主要是因为该矿产出单位标准煤需要疏干的地下水量最大,露天煤矿开采导致的地下水疏干强度最大,且电能的消耗也最高,该矿的露天开采对地下水环境产生的扰动效应最为强烈。

A 矿的 DWI 均值仅次于 J 矿和 I 矿,属于较优水平,为 - 0.002。主要是因为该矿疏干水量很少,露天煤矿的开采对矿区及周边地下水流场的影响很小,疏干水系统运行需要消耗的电能也很少,对地下水环境的扰动效应很弱。

6.2.7 坑下排水强度 (PDI)

2006—2015 年各矿山 PDI 演化值见表 6 - 8,演化曲线如图 6 - 7 所示。

表 6 - 8 2006—2015 年各矿山 PDI 演化值

	2006	2007	2008	2009	2010	2011	2012	2013	2014	2015	均值
A 矿	- 0.07	- 0.08	- 0.08	- 0.06	- 0.06	- 0.05	- 0.06	- 0.06	- 0.07	- 0.07	- 0.07
B 矿	- 0.37	- 0.32	- 0.31	- 0.28	- 0.27	- 0.19	- 0.20	- 0.20	- 0.21	- 0.22	- 0.26
C 矿	- 3.32	- 2.90	- 2.81	- 2.67	- 2.72	- 2.54	- 2.39	- 2.12	- 2.01	- 1.88	- 2.53
D 矿	- 0.52	- 0.47	- 0.43	- 0.49	- 0.52	- 0.58	- 0.66	- 0.74	- 0.80	- 0.87	- 0.61
E 矿	- 1.79	- 1.06	- 0.69	- 0.54	- 0.42	- 0.41	- 0.50	- 0.52	- 0.50	- 0.59	- 0.49
F 矿	—	—	—	—	—	- 1.96	- 1.64	- 1.55	- 1.42	- 1.38	- 1.59
G 矿	—	- 0.47	- 0.31	- 0.36	- 0.29	- 0.20	- 0.19	- 0.31	- 0.31	- 0.45	- 0.32
H 矿	—	—	—	- 1.22	- 1.16	- 0.95	- 0.86	- 0.80	- 0.77	- 0.75	- 0.93
I 矿	- 0.15	- 0.18	- 0.23	- 0.21	- 0.18	- 0.16	- 0.15	- 0.16	- 0.19	- 0.31	- 0.19
J 矿	—	—	—	0	0	0	0	0	0	0	0

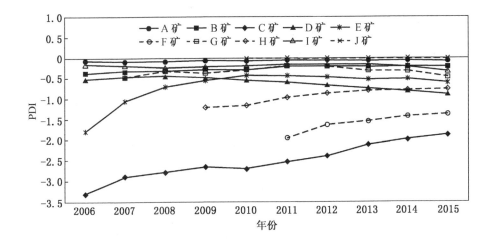

图 6 - 7 2006—2015 年各矿山 PDI 演化曲线

从图 6-7 可知，2006—2015 年各露天煤矿的 PDI 值呈现各不相同的趋势，表明 2006—2015 年各矿的坑下排水强度区别较大，这主要受当地水文地质条件和气候状况影响，不同水文地质条件和不同降水量将导致不同露天煤矿不同的坑下排水量，排水量大的露天煤矿还需要建设坑内排水系统，将多余的水量排至矿坑以外的沟谷或受纳水体之中，一般会对下游区域造成一定的影响。

J 矿的 PDI 均值最优，为 0。主要是因为该矿采坑内基本没有地下水涌入，且降水也基本不会流入到坑内或降水量很小，从而坑内基本无须专门建设坑下排水系统将坑内水排至坑外，在减少了电能消耗的同时也不会对下游区域造成负面影响。从坑下排水强度角度，该矿露天开采对地表水环境产生的扰动效应最弱。

C 矿的 PDI 均值最为不利，为 -2.53。主要是因为受水文地质环境和大气环境的影响，该矿坑下涌水量和该区降水量较大，需要建设专门的坑下排水系统，利用排水设备消耗电能将坑下水排至坑外。坑外水资源的排放，将对下游及周边环境带来一定的负面影响，其露天开采对地表水环境产生的扰动效应最为强烈。

A 矿的 PDI 均值处于较优水平，为 -0.07。主要是因为该矿采坑内地下水涌入量较小，大气降水进入采坑内的量也不大。从坑下排水强度角度，该矿露天开采对地表水环境产生的扰动效应较弱。

6.2.8　剥离物外排强度（OBEDI）

2006—2015 年各矿山 OBEDI 演化值见表 6-9，演化曲线如图 6-8 所示。

表 6-9　2006—2015 年各矿山 OBEDI 演化值

	2006	2007	2008	2009	2010	2011	2012	2013	2014	2015	均值
A 矿	-0.09	-0.09	-0.10	-0.12	-0.14	-0.17	-0.18	-0.18	-0.17	-0.17	-0.14
B 矿	-0.06	-0.07	-0.07	-0.09	-0.10	-0.14	-0.15	-0.15	-0.15	-0.16	-0.11
C 矿	-3.47	-4.27	-4.64	-5.17	-5.28	-5.56	-5.43	-5.33	-5.16	-5.01	-4.93
D 矿	-1.18	-1.28	-1.46	-1.47	-1.47	-1.48	-1.49	-1.50	-1.51	-1.52	-1.44
E 矿	-0.18	-0.26	-0.36	-0.44	-0.51	-0.54	-0.55	-0.56	-0.59	-0.55	-0.53
F 矿	—	—	—	—	-0.35	-0.46	-0.55	-0.55	-0.55	-0.55	-0.49
G 矿	—	-0.05	-0.06	-0.05	-0.06	-0.10	-0.11	-0.07	-0.08	-0.05	-0.07
H 矿	—	—	—	-0.11	-0.15	-0.16	-0.13	-0.13	-0.12	-0.11	-0.13
I 矿	-0.06	-0.06	-0.05	-0.06	-0.09	-0.11	-0.12	-0.13	-0.13	-0.10	-0.09
J 矿	—	—	—	—	-1.62	-1.77	-1.89	-1.95	-2.04	-2.08	-1.89

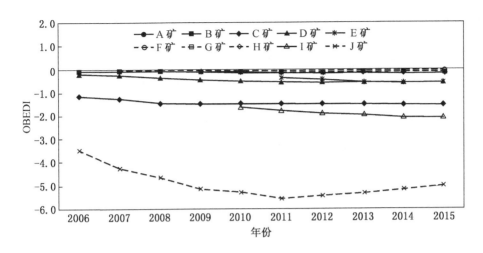

图 6-8 2006—2015 年各矿山 OBEDI 演化曲线

从图 6-8 可知，2006—2015 年各露天煤矿的 OBEDI 值大体呈现逐年递减的趋势，表明 2006—2015 年各矿外排剥离量所占比例与外排持续时间比例的乘积大体是逐年递增的，即在外排剥离量所占比例不变的情况下，随着露天煤矿煤炭生产能力的增加，外排持续时间比例相应增大，其对外部要素的负向扰动效应也相应增大。

G 矿的 OBEDI 均值最优，为 -0.07。主要是因为该矿外排量较小，外排剥离量所占比例较小，从投产到实现剥离物完全内排的时间比较短，使该矿在2006—2015 年开采过程中剥离物外排强度较小，露天开采对露天煤矿周围土地、空气、生态和职工工作生活环境造成的负向扰动效应较弱。

C 矿的 OBEDI 均值最为不利，为 -4.93。主要是因为该矿外排量较大，外排剥离量所占比例较大；露天煤矿首采区容积较小和二采区迟迟未到最终境界，使剥离物不能尽早内排，内排土场形成初期，又因为排土容积较小，进一步推迟了实现剥离物完全内排的时间，使该矿从投产到实现剥离物完全内排的时间比较长，占露天煤矿服务年限的一半有余，最终导致 2006—2015 年该矿开采过程中剥离物外排强度较大，露天开采对露天煤矿周围土地、空气、生态和职工工作生活环境造成的负向扰动效应较强。

A 矿的 OBEDI 均值也处于较为领先的水平，为 -0.14。主要是因为该矿外排剥离量所占比例较小，2014 年实现剥离物完全内排，从投产到实现剥离物完全内排的时间比较短；该矿采用端帮靠帮开采技术，增大了采掘场最终帮坡角，增加了内排空间，减小了剥离物外排量；该矿相邻两个采区共用一个端帮，两采区在生产中工作线形态呈现"一前一后、追踪开采"的方式，南部采区在前，采用"留沟内排"的方式，在减小剥离运距的情况下，最大限度地减小了端帮压煤的二次剥离量，进而减小了剥离物外排量，且从2009年开始北部采区的剥离物就部分近排到了南部采区的内排土场之上，减小了剥离物外排量。以上因素最终使该矿在2006—2015年开采过程中剥离物外排强度较小，露天开采对露天煤矿周围土地、空气、生态和职工工作生活环境造成的负向扰动效应较弱。

6.2.9　频发噪声最大声级（FNMSL）

2006—2015年各矿山FNMSL演化值见表6-10，演化曲线如图6-9所示。

表6-10　2006—2015年各矿山FNMSL演化值

	2006	2007	2008	2009	2010	2011	2012	2013	2014	2015	均值
A矿	-1.04	-1.04	-1.04	-1.04	-1.05	-1.05	-1.05	-1.05	-1.06	-1.06	-1.05
B矿	-1.03	-1.03	-1.03	-1.03	-1.03	-1.03	-1.03	-1.03	-1.03	-1.03	-1.03
C矿	-1.01	-1.01	-1.01	-1.01	-1.01	-1.01	-1.01	-1.01	-1.01	-1.01	-1.01
D矿	-1.01	-1.01	-1.01	-1.01	-1.01	-1.01	-1.01	-1.01	-1.01	-1.01	-1.01
E矿	-1.01	-1.01	-1.01	-1.01	-1.01	-1.01	-1.01	-1.01	-1.01	-1.01	-1.01
F矿	—	—	—	-0.94	-0.94	-0.94	-0.94	-0.94	-0.94	-0.94	-0.94
G矿	—	-0.98	-0.98	-0.98	-0.98	-0.98	-0.98	-0.98	-0.98	-0.98	-0.98
H矿	—	—	—	-1.04	-1.04	-1.04	-1.04	-1.04	-1.02	-1.02	-1.03
I矿	-0.95	-0.95	-0.95	-0.95	-0.95	-0.95	-0.95	-0.95	-0.95	-0.95	-0.95
J矿	—	—	—	—	-0.98	-0.98	-0.98	-0.98	-0.98	-0.98	-0.98

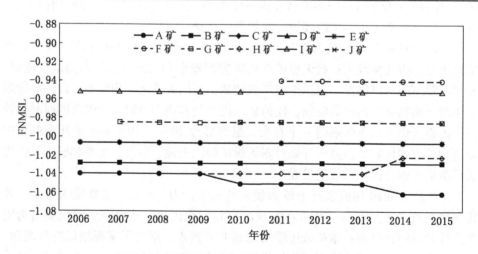

图6-9　2006—2015年各矿山FNMSL演化曲线

从图 6 - 9 可知，2006—2015 年各露天煤矿的各矿之间的 FNMSL 值各不相同，但差距极小；每矿逐年的 FNMSL 值基本无变化，仅有 A 矿和 H 矿发生变化，且其变化值也非常小。说明各露天煤矿在开采过程中各种设备运行产生的频发噪声大小略有区别，但区别极小。

F 矿的 FNMSL 均值最优，为 - 0.94。主要是因为该矿使用的各种设备运行状况较为良好，各大型设备的减噪设施也大多处于良好工作状态，露天煤矿内也没有特殊的大型噪声源设备，使该矿在 2006—2015 年开采过程中频发噪声最大声级（FNMSL）值较优，露天开采过程中产生的频发噪声对环境造成的负向扰动效应较弱。

A 矿的 FNMSL 均值最为不利，为 - 1.05。主要是因为该矿大型设备较多，且随着该矿开采时间的推移，部分设备的减噪设施也存在工作状态不良的问题，从而导致该矿的 FNMSL 值较弱，露天开采过程中产生的频发噪声对环境造成的负向扰动效应较强。但需要说明的是，各矿的 FNMSL 值差距很小，也说明露天煤矿开采运行过程中产生的频发噪声对环境造成的负向扰动效应区别不大。

6.2.10　偶发噪声最大声级（SNMSL）

2006—2015 年各矿山 SNMSL 演化值见表 6 - 11，演化曲线如图 6 - 10 所示。

表 6 - 11　2006—2015 年各矿山 SNMSL 演化值

	2006	2007	2008	2009	2010	2011	2012	2013	2014	2015	均值
A 矿	- 1.04	- 1.04	- 1.04	- 1.04	- 1.04	- 1.04	- 1.04	- 1.04	- 1.04	- 1.04	- 1.04
B 矿	- 0.97	- 0.97	- 0.97	- 0.97	- 0.97	- 0.97	- 0.97	- 0.97	- 0.97	- 0.97	- 0.97
C 矿	- 1.01	- 1.01	- 1.01	- 1.01	- 1.01	- 1.01	- 1.01	- 1.01	- 1.01	- 1.01	- 1.01
D 矿	- 1.02	- 1.02	- 1.02	- 1.02	- 1.02	- 1.02	- 1.02	- 1.02	- 1.02	- 1.02	- 1.02
E 矿	- 1.02	- 1.02	- 1.02	- 1.02	- 1.02	- 1.02	- 1.02	- 1.02	- 1.02	- 1.02	- 1.02
F 矿	—	—	—	—	—	- 0.98	- 0.98	- 0.98	- 0.98	- 0.98	- 0.98
G 矿	—	- 0.96	- 0.96	- 0.96	- 0.96	- 0.96	- 0.96	- 0.96	- 0.96	- 0.96	- 0.96
H 矿	—	—	—	- 1.04	- 1.04	- 1.04	- 1.04	- 1.04	- 1.02	- 1.02	- 1.04
I 矿	- 0.99	- 0.99	- 0.99	- 0.99	- 0.99	- 0.99	- 0.99	- 0.99	- 0.99	- 0.99	- 0.99
J 矿	—	—	—	—	- 0.97	- 0.97	- 0.97	- 0.97	- 0.97	- 0.97	- 0.97

从图 6 - 10 可知，2006—2015 年各露天煤矿的各矿之间的 SNMSL 值各不相同，但差距很小；每矿逐年的 SNMSL 值基本无变化，仅有 H 矿发生变化，且其变化值也非常小。说明各露天煤矿在开采过程中各种设备运行产生的偶发噪声大

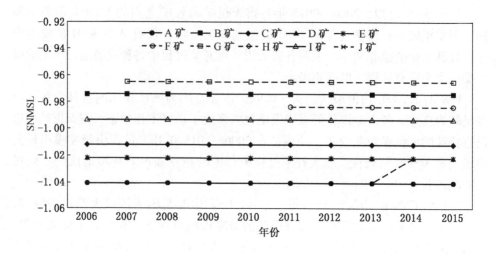

图 6 - 10　2006—2015 年各矿山 SNMSL 演化曲线

小略有区别，但区别极小。

　　G 矿的 SNMSL 均值最优，为 - 0.96。主要是因为该矿在露天煤矿爆破时，每次爆破所用炸药量相对不大，从而产生的偶发噪声也相对较小，说明该矿偶发噪声对外部空间环境的负向扰动效应较弱。

　　A 矿的 SNMSL 均值最为不利，为 - 1.04。主要是因为该矿在露天煤矿爆破时，每次爆破所用炸药量相对较大，从而产生的偶发噪声也相对较大，说明该矿偶发噪声对外部空间环境的负向扰动效应较强。但同时说明，各矿的 SNMSL 值差距很小，也说明露天煤矿开采运行过程中产生的偶发噪声对环境造成的负向扰动效应虽然有区别，但区别并不大。

6.2.11　采掘场境界面积指数（QAI）

　　2006—2015 年各矿山 QAI 演化值见表 6 - 12，演化曲线如图 6 - 11 所示。

表 6 - 12　2006—2015 年各矿山 QAI 演化值

	2006	2007	2008	2009	2010	2011	2012	2013	2014	2015	均值
A 矿	- 0.71	- 0.71	- 0.71	- 0.71	- 0.71	- 0.71	- 0.71	- 0.71	- 0.71	- 0.71	- 0.71
B 矿	- 0.82	- 0.82	- 0.82	- 0.82	- 0.82	- 0.82	- 0.82	- 0.82	- 0.82	- 0.82	- 0.82
C 矿	- 1.35	- 1.35	- 1.35	- 1.35	- 1.35	- 1.35	- 1.35	- 1.35	- 1.35	- 1.35	- 1.35
D 矿	- 1.01	- 1.01	- 1.01	- 1.01	- 1.01	- 1.01	- 1.01	- 1.01	- 1.01	- 1.01	- 1.01
E 矿	- 0.99	- 0.99	- 0.99	- 0.99	- 0.99	- 0.99	- 0.99	- 0.99	- 0.99	- 0.99	- 0.99

表6-12（续）

	2006	2007	2008	2009	2010	2011	2012	2013	2014	2015	均值
F矿	—	—	—	—	—	-1.37	-1.37	-1.37	-1.37	-1.37	-1.37
G矿	—	-1.04	-1.04	-1.04	-1.04	-1.04	-1.04	-1.04	-1.04	-1.04	-1.04
H矿	—	—	—	-1.23	-1.23	-1.23	-1.23	-1.23	-1.23	-1.23	-1.23
I矿	-0.75	-0.75	-0.75	-0.75	-0.75	-0.75	-0.75	-0.75	-0.75	-0.75	-0.75
J矿	—	—	—	-0.97	-0.97	-0.97	-0.97	-0.97	-0.97	-0.97	-0.97

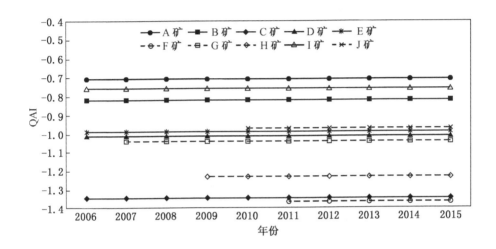

图6-11 2006—2015年各矿山QAI演化曲线

从图6-11可知，2006—2015年各露天煤矿的QAI均为固定值，表明2006—2015年各露天煤矿均未调整设计采掘场地表境界和场深部境界。

A矿的QAI均值最优，为-0.71。主要是因为该矿的煤层倾角较小且埋藏较浅，使露天煤矿采掘场开采深度较小，且最下部煤台阶采用端帮靠帮开采技术，在提高资源回收率和降低剥离量的同时，也增大了采掘场最终帮坡角，最终导致该矿开采过程中地表无效开挖面积较小，露天开采对地表造成的负向扰动效应较弱。

F矿的QAI均值最为不利，为-1.37。主要是因为F矿的第四系较厚，露天煤矿开采深度较大，采掘场最终帮坡角较小，导致F矿开采过程中地表无效开挖面积较大，露天开采对地表造成的负向扰动效应较强。

6.2.12 排土场境界面积指数（EDAI）

2006—2015年各矿山EDAI演化值见表6-13，演化曲线如图6-12所示。

表 6 - 13　　2006—2015 年各矿山 EDAI 演化值

	2006	2007	2008	2009	2010	2011	2012	2013	2014	2015	均值
A 矿	-0.85	-0.85	-0.85	-0.85	-0.85	-0.85	-0.85	-0.85	-0.85	-0.85	-0.85
B 矿	-1.02	-1.02	-1.02	-1.02	-1.02	-1.02	-1.02	-1.02	-1.02	-1.02	-1.02
C 矿	-1.30	-1.30	-1.30	-1.30	-1.30	-1.30	-1.30	-1.30	-1.30	-1.30	-1.30
D 矿	-0.63	-0.63	-0.63	-0.63	-0.63	-0.63	-0.63	-0.63	-0.63	-0.63	-0.63
E 矿	-0.91	-0.91	-0.91	-0.91	-0.91	-0.91	-0.91	-0.91	-0.91	-0.91	-0.91
F 矿	—	—	—	—	—	-0.78	-0.78	-0.78	-0.78	-0.78	-0.78
G 矿	—	-1.44	-1.44	-1.44	-1.44	-1.44	-1.44	-1.44	-1.44	-1.44	-1.44
H 矿	—	—	—	-0.72	-0.72	-0.72	-0.72	-0.72	-0.72	-0.72	-0.72
I 矿	-1.15	-1.15	-1.15	-1.15	-1.15	-1.15	-1.15	-1.15	-1.15	-1.15	-1.15
J 矿	—	—	—	—	-1.08	-1.08	-1.08	-1.08	-1.08	-1.08	-1.08

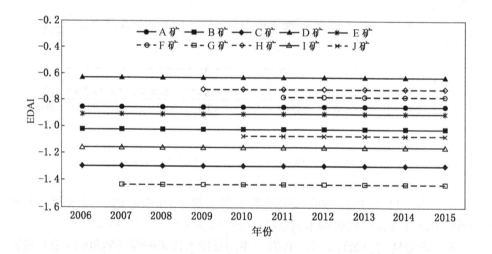

图 6 - 12　2006—2015 年各矿山 EDAI 演化曲线

从图 6 - 12 可知，2006—2015 年各露天煤矿的 EDAI 均为固定值，表明 2006—2015 年各露天煤矿均未调整设计外排土场总压占面积与外排总量。

D 矿的 EDAI 均值最优，为 - 0.63。主要是因为该矿的外排土场地形平缓，外排最终高度较高，外排土场最终帮坡角较大，使该矿开采过程中外排土场压占土地有效利用程度较高，露天开采对地表造成的负向扰动效应较弱。

G 矿的 EDAI 均值最为不利，为 - 1.44。主要是因为该矿的外排最终高度较低，外排土场最终帮坡角较小，导致该矿开采过程中外排土场压占土地有效利用程度较低，露天开采对地表造成的负向扰动效应较强。

A 矿的 EDAI 均值处于中等水平，为 -0.85。主要是因为该矿的外排土场地形平缓，但外排最终高度为 100~120 m，外排土场最终帮坡角为 20°，在所选取的 10 个露天煤矿里都处于中等水平，使该矿开采过程中外排土场压占土地有效利用程度一般，露天开采对地表造成的负向扰动效应中等。

6.2.13 矿岩采剥强度（OBRI）

2006—2015 年各矿山 OBRI 演化值见表 6-14，演化曲线如图 6-13 所示。

表 6-14 2006—2015 年各矿山 OBRI 演化值

	2006	2007	2008	2009	2010	2011	2012	2013	2014	2015	均值
A 矿	-0.56	-0.52	-0.52	-0.53	-0.52	-0.53	-0.53	-0.52	-0.50	-0.40	-0.51
B 矿	-0.39	-0.43	-0.48	-0.43	-0.53	-0.51	-0.59	-0.60	-0.65	-0.64	-0.53
C 矿	-0.22	-0.22	-0.22	-0.22	-0.22	-0.22	-0.20	-0.21	-0.21	-0.21	-0.21
D 矿	-1.01	-1.06	-0.94	-0.95	-0.97	-0.98	-0.95	-0.98	-1.12	-1.01	-1.00
E 矿	-1.16	-1.08	-1.01	-1.00	-0.99	-1.01	-0.98	-1.02	-1.00	-1.00	-1.00
F 矿	—	—	—	—	—	-0.82	-0.67	-0.67	-0.67	-0.67	-0.70
G 矿	—	-0.56	-0.53	-0.62	-0.62	-0.46	-0.46	-0.46	-0.46	-0.46	-0.51
H 矿	—	—	—	-2.47	-0.64	-1.28	-2.37	-3.24	-15.69	-13.70	-5.63
I 矿	-0.50	-0.44	-0.59	-0.63	-0.61	-0.47	-0.43	-0.40	-0.27	-0.20	-0.46
J 矿	—	—	—	—	-0.55	-0.35	-0.41	-0.26	-0.26	-0.34	-0.36

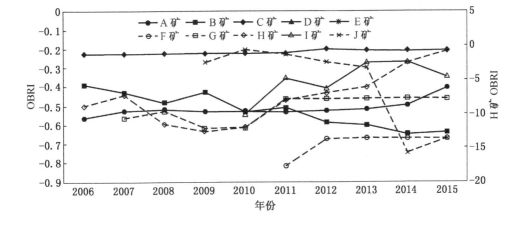

图 6-13 2006—2015 年各矿山 OBRI 演化曲线

从图 6 - 13 可知，2006—2015 年除了 H 矿以外，其他露天煤矿的 OBRI 值虽有波动，但变化不大，表明 2006—2015 年除了 H 矿以外，其他露天煤矿采出单位标准煤需要完成的矿岩采剥总量略有不同，即露天煤矿开采过程中的采剥工程规模略有波动，但变化不大。

C 矿的 OBRI 均值最优，为 - 0.21。主要是因为该矿采用综合开采工艺，即第四系采用轮斗挖掘机—带式输送机—排土机连续开采工艺，煤、岩采用单斗挖掘机—卡车—坑内半移动破碎站—带式输送机半连续开采工艺；表土和岩石剥离均采用组合台阶的方式，大大增大了采掘场工作帮坡角，减小了剥采比，使该矿在 2006—2015 年开采过程中矿岩采剥强度较小，露天开采对外部空间环境造成的负向扰动效应较弱。

H 矿的 OBRI 均值最为不利，为 - 5.63，且波动较大，从 2013 年的 - 3.24 到 2014 年的 - 15.69。主要是因为该矿在 2012—2013 年采掘场南端帮出现了较大的滑坡，为了减小对矿山正常生产的影响，该矿从 2013 年末开始增加了较多的采掘和运输设备来清理滑坡体，清理滑坡体的剥离量远远大于该年的生产剥离量，导致该矿 2013—2015 年尤其是 2014—2015 年开采过程中矿岩采剥强度较大，露天开采对外部空间环境造成的负向扰动效应较强。

A 矿的 OBRI 均值也处于较为领先的水平，为 - 0.51。主要是因为该矿采用综合开采工艺，即第四系采用轮斗挖掘机—带式输送机—排土机连续开采工艺和抛掷爆破—吊斗铲倒堆开采工艺，在一定程度上增大了采掘场工作帮坡角，降低了剥采比，减小了剥离量；该矿采用端帮靠帮开采技术，在保证露天煤矿边坡安全和正常生产的情况下最大限度地开采煤炭资源，减小了剥采比，降低了剥离量；该矿相邻两个采区共用一个端帮，两采区在生产中工作线形态呈现"一前一后、追踪开采"的方式，南部采区在前采用"留沟内排"的方式，在减小剥离运距的情况下，最大限度地减小了端帮压煤的二次剥离量。以上这些因素最终使该矿 2006—2015 年开采过程中矿岩采剥强度较小，露天开采对外部空间环境造成的负向扰动效应较弱。

6.2.14　能耗强度（EI）

2006—2015 年各矿山 EI 演化值见表 6 - 15，演化曲线如图 6 - 14 所示。

表 6 - 15　2006—2015 年各矿山 EI 演化值

	2006	2007	2008	2009	2010	2011	2012	2013	2014	2015	均值
A 矿	- 0.86	- 0.90	- 0.95	- 1.00	- 1.04	- 1.05	- 1.06	- 1.05	- 1.06	- 1.05	- 1.00
B 矿	- 0.56	- 0.59	- 0.57	- 0.55	- 0.54	- 0.51	- 0.50	- 0.51	- 0.50	- 0.51	- 0.53
C 矿	- 0.42	- 0.43	- 0.42	- 0.41	- 0.40	- 0.39	- 0.39	- 0.38	- 0.37	- 0.38	- 0.40

表6-15（续）

	2006	2007	2008	2009	2010	2011	2012	2013	2014	2015	均值
D矿	-1.05	-1.02	-1.00	-0.99	-1.00	-0.99	-1.00	-0.99	-1.00	-0.99	-1.01
E矿	-1.05	-1.03	-1.01	-0.99	-0.97	-0.96	-0.97	-1.28	-1.30	-1.28	-1.11
F矿	—	—	—	—	—	-1.05	-1.03	-1.01	-0.99	-0.97	-1.01
G矿	—	-0.95	-1.05	-1.03	-1.06	-1.17	-1.12	-1.14	-1.13	-1.14	-1.09
H矿	—	—	—	-0.82	-0.81	-0.82	-0.84	-1.12	-5.77	-5.72	-2.27
I矿	-1.07	-1.04	-1.02	-1.01	-0.99	-0.98	-0.99	-1.02	-1.01	-0.99	-1.01
J矿	—	—	—	—	-0.98	-0.97	-0.98	-0.98	-0.96	-0.98	-0.98

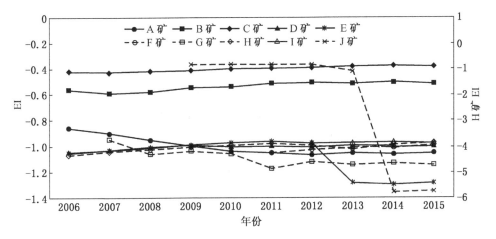

图6-14 2006—2015年各矿山EI演化曲线

从图6-14可知，2006—2015年除了H矿以外，其他露天煤矿的EI值基本持平，表明2006—2015年除了H矿以外，其他露天煤矿采出单位标准煤需要消耗的能源总量变化不大，即各露天煤矿开采过程中的绿色节能水平变化不大。

C矿和B矿的EI均值处于领先水平，C矿最优，为-0.4。主要是因为该矿采用综合开采工艺，即第四系采用轮斗挖掘机—带式输送机—排土机连续开采工艺，煤、岩采用单斗挖掘机—卡车—坑内半移动破碎站—带式输送机半连续开采工艺，连续、半连续开采工艺均以电为动力，物料运输最大限度地采用带式输送机输送，尽可能地减少卡车运量、运距，节约了大量柴油，使该矿在2006—2015年开采过程中能源消耗量较小，露天开采对外部空间环境造成的负向扰动效应较弱。

H矿的EI均值最为不利，为-2.27，且波动较大，从2013年的-1.12到2014年的-5.77。主要是因为该矿以单斗—卡车间断开采工艺为主，消耗燃油量比较大，且 2012—2013 年该矿采掘场南端帮出现了较大的滑坡，为了减小对矿山正常生产的影响，该矿从 2013 年末开始增加了较多的采掘和运输设备来清理滑坡体，导致该矿 2013—2015 年尤其是 2014—2015 年开采过程中能源消耗量较大，露天开采对外部空间环境造成的负向扰动效应较强。

A 矿的 EI 均值也处于较为领先的水平，为 -1.0。主要是因为该矿采用综合开采工艺，即第四系采用轮斗挖掘机—带式输送机—排土机连续开采工艺和抛掷爆破—吊斗铲倒堆开采工艺，煤采用单斗挖掘机—卡车—地面半移动破碎站—带式输送机半连续开采工艺，各开采工艺中的采、运、排设备的动力以电为主，物料运输最大限度地采用带式输送机输送，尽可能地减少卡车运量、运距，节约了一定量的柴油；轮斗连续工艺和吊斗铲倒堆工艺在一定程度上增大了采掘场工作帮坡角，降低了剥采比，减小了剥离量，降低了能耗；该矿采用端帮靠帮开采技术，在保证露天煤矿边坡安全和正常生产的情况下最大限度地开采煤炭资源，减小了剥采比，减小了剥离量，降低了能耗；该矿相邻两个采区共用一个端帮，两采区在生产中工作线形态呈现"一前一后、追踪开采"的方式，南部采区在前采用"留沟内排"的方式，在减小剥离运距的情况下，最大限度地减小了端帮压煤的二次剥离量，降低能耗。以上因素最终使该矿在 2006—2015 年开采过程中能源消耗量较小，露天开采对外部空间环境造成的负向扰动效应较弱。

6.3　中国典型露天煤矿 2006—2015 年扰动补偿指标演化轨迹

6.3.1　生态环境状况指数（EEI）

2006—2015 年各矿山 EEI 演化值见表 6 - 16，演化曲线如图 6 - 15 所示。

表 6 - 16　2006—2015 年各矿山 EEI 演化值

	2006	2007	2008	2009	2010	2011	2012	2013	2014	2015	均值
A 矿	1.008	1.008	1.008	1.008	1.008	1.006	1.006	1.006	1.006	1.006	1.007
B 矿	1.003	1.003	1.004	1.006	1.006	1.004	1.004	1.004	1.005	1.004	1.004
C 矿	1.009	1.008	1.008	1.009	1.008	1.007	1.007	1.007	1.007	1.007	1.008
D 矿	0.997	0.997	0.995	0.994	0.996	0.997	0.996	0.996	0.997	0.997	0.996
E 矿	0.997	0.997	0.995	0.994	0.996	0.997	0.996	0.996	0.997	0.997	0.996
F 矿	—	—	—	—	—	0.993	0.994	0.994	0.993	0.994	0.993
G 矿	—	0.994	0.995	0.995	0.995	0.995	0.995	0.997	0.997	0.996	0.995
H 矿	—	—	—	0.986	0.986	0.988	0.988	0.988	0.988	0.988	0.988
I 矿	1.002	1.001	1.001	1.002	1.001	1.001	1.001	1.001	1.001	1.002	1.001
J 矿	—	—	—	—	1.006	1.005	1.005	1.005	1.005	1.005	1.005

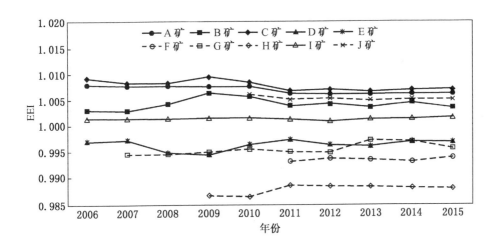

图6-15 2006—2015年各矿山EEI演化曲线

从图6-15可知,2006—2015年各露天煤矿的EEI值各不相同,每矿逐年的EEI值变化不大,说明受露天煤矿地理位置和周边原有生态环境的影响,各露天煤矿原生生态环境状况各不相同,露天煤矿的开发和开采会对原生生态环境带来影响,但从区域原生生态环境状况看,其影响也相对有限。

A矿和C矿的EEI均值处于领先水平,A矿最优,为1.007。主要是因为该矿均已开采多年,内、外排土场等均已进行了全方位的生态治理和复垦,且均总结出行之有效并适宜该区域的适生乔、灌、草植物种和相对应的生态恢复治理措施,同时结合区域内的其他生态恢复治理措施,使该矿及周边区域的生态环境质量正逐步变好,生态环境状况质量得到了较好的改善,露天煤矿的各种生态恢复与治理措施对外部空间环境造成的正向扰动效应较强。

H矿的EEI均值相对最小,为0.988。主要是因为该矿开采运行时间较短,虽然矿山也积极采取了行之有效的生态恢复和治理措施,但由于时间较短,生态效应还未完全发挥出来;且由于周边区域原生生态环境状况的变化,也一定程度上影响了该矿的生态环境状况指数,使该露天煤矿的各种生态恢复与治理措施对外部空间环境造成的正向扰动效应较弱。

6.3.2 土地挖损恢复率(EIRR)

2006—2015年各矿山EIRR演化值见表6-17,演化曲线如图6-16所示。

表 6 - 17　2006—2015 年各矿山 EIRR 演化值

	2006	2007	2008	2009	2010	2011	2012	2013	2014	2015	均值
A 矿	2.82	2.82	2.25	1.78	1.96	2.57	2.92	2.92	3.15	3.44	2.66
B 矿	2.16	2.39	2.03	2.03	2.41	1.94	2.27	2.27	2.59	2.59	2.27
C 矿	0	0.61	0.15	0.15	0.15	0.16	0.16	0.16	0.16	0.16	0.19
D 矿	0.11	0.19	0.28	0.46	0.46	0.17	0.21	0.20	0.19	0.18	0.24
E 矿	0	0	0.93	1.09	0.91	0.83	0.83	0.83	0.83	0.83	0.88
F 矿	—	—	—	—	—	0.26	0.21	0.23	0.23	0.23	0.23
G 矿	—	0	0	0.35	0.45	0.16	0.17	0.15	0.17	0.21	0.18
H 矿	—	—	—	0	0	0.17	0.29	0.29	0.08	0.08	0.13
I 矿	1.00	1.07	1.07	1.23	1.38	1.51	1.20	1.51	1.51	1.87	1.34
J 矿	—	—	—	—	0	0	0	0	0	0.42	0.07

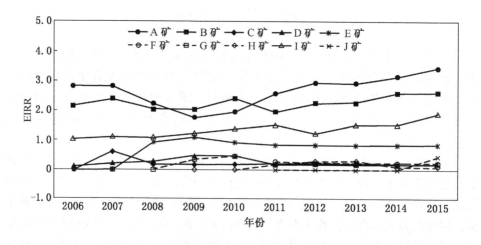

图 6 - 16　2006—2015 年各矿山 EIRR 演化曲线

从图 6 - 16 可知，2006—2015 年各露天煤矿的 EIRR 值区别较大，每矿逐年的 EIRR 值也大多有明显变化，说明各露天煤矿受各自的煤层赋存条件的影响，内排土场的排土参数各不相同，随着逐年的向前推进，内排土场跟进速度也各不相同。

A 矿的 EIRR 均值最优，为 2.66。主要是因为该矿已开采多年，其煤层赋存倾角较小，在利于内排的同时内排土场台阶高度也较大，工作帮坡角也相对较陡，开拓运输系统和内排工程也较为合理，从而使该矿针对土地挖损的恢复对外部空间环境造成的正向扰动效应较强。

J 矿的 EIRR 均值相对最小，为 0.07。主要是因为该矿开发和开采时间较短，也受煤层赋存条件的影响，还未形成完整的内排体系，从而使该矿针对土地挖损的恢复对外部空间环境造成的正向扰动效应最弱。

6.3.3 土地压占复垦率（OLRR）

2006—2015 年各矿山 OLRR 演化值见表 6-18，演化曲线如图 6-17 所示。

表 6-18　2006—2015 年各矿山 OLRR 演化值

	2006	2007	2008	2009	2010	2011	2012	2013	2014	2015	均值
A 矿	0.22	0.18	0.21	0.16	0.22	0.20	0.18	0.24	0.38	0.52	0.25
B 矿	0.08	0.07	0.11	0.20	0.34	0.44	0.47	0.51	0.54	0.58	0.33
C 矿	0.01	0.25	0.27	0.29	0.38	0.35	0.41	0.42	0.43	0.44	0.32
D 矿	0.04	0.03	0.05	0.13	0.12	0.18	0.23	0.24	0.23	0.26	0.15
E 矿	0.10	0.09	0.11	0.08	0.09	0.12	0.14	0.15	0.21	0.24	0.15
F 矿	—	—	—	—	—	0.02	0.01	0.02	0.02	0.01	0.02
G 矿	—	0.15	0.14	0.19	0.19	0.29	0.33	0.44	0.51	0.56	0.31
H 矿	—	—	—	0.06	0.06	0.10	0.14	0.10	0.08	0.10	0.09
I 矿	0.11	0.11	0.12	0.12	0.11	0.16	0.35	0.42	0.44	0.42	0.24
J 矿	—	—	—	—	0.01	0.04	0.08	0.08	0.10	0.07	0.06

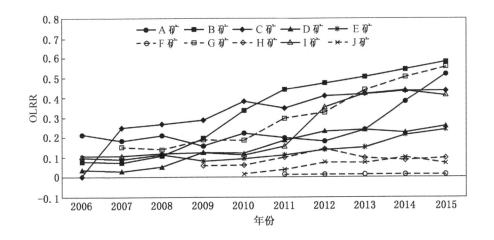

图 6-17　2006—2015 年各矿山 OLRR 演化曲线

从图 6-17 可知，2006—2015 年各露天煤矿的 OLRR 值区别较大，每矿逐年的 OLRR 值也变化明显，说明各露天煤矿对外排土场压占面积进行复垦的程度各不一样，总体趋势大多都为逐年变好，也说明各露天煤矿均对外排土场采取了复垦恢复措施，且效果逐渐明显。

B 矿的 OLRR 均值最优，为 0.33。主要是因为该矿已开采多年，其外排量逐年变小，直至全内排。随着外排土场逐年复垦恢复措施的及时实施，其未复垦面积逐渐变小，OLRR 值就逐渐变大，从而使露天煤矿开采过程中外排土场复垦对外部空间环境造成的正向扰动效应较强。

F 矿的 OLRR 均值相对最小，为 0.02。主要因为该矿开采时间较短，在统计时段内还在大量外排，虽然矿山也采取了较为及时的外排土场复垦恢复措施，但其复垦恢复措施由于外排的影响，逐年跟进较慢。随着时间的推移和外排土场复垦恢复措施的逐渐跟进和完善，该矿的 OLRR 值也会逐渐变好，露天煤矿开采过程中外排土场复垦对外部空间环境造成的正向扰动效应也会从最弱逐渐变强。

A 矿的 OLRR 均值属于略好水平，为 0.25。主要是因为该矿虽然已开矿多年，但在开采过程中实现全内排的时间较短，同时矿山也采取了大量较为及时有效的外排土场复垦恢复措施，且逐年跟进较为合理迅速，从而使该露天煤矿开采过程中外排土场的复垦对外部空间环境造成的正向扰动效应略强。相信随着时间的推移，该矿在未来时间段内的 OLRR 值会更好，外排土场的复垦对外部空间环境造成的正向扰动效应将会更强。

6.3.4 土地生产力弹性系数（LPR）

2006—2015 年各矿山 LPR 演化值见表 6-19，演化曲线如图 6-18 所示。

表 6-19 2006—2015 年各矿山 LPR 演化值

	2006	2007	2008	2009	2010	2011	2012	2013	2014	2015	均值
A 矿	0.78	0.46	0.80	1.42	1.16	1.57	1.81	1.79	2.01	2.05	1.39
B 矿	2.96	1.81	0.66	-0.13	1.11	-0.10	1.85	1.85	1.85	1.85	1.37
C 矿	1.70	-0.03	1.85	1.85	1.85	1.54	1.67	1.02	2.16	2.94	1.65
D 矿	2.02	-0.82	1.85	1.85	-0.38	-0.52	2.87	2.68	1.96	1.33	1.28
E 矿	1.72	0.17	0.23	1.53	0.26	0.08	2.25	1.39	0.88	0.71	1.01
F 矿	—	—	—	—	-0.60	2.37	-0.38	1.85	1.85	1.02
G 矿	—	3.74	1.85	3.71	1.93	2.39	-0.71	-0.45	-1.50	1.00	1.33
H 矿	—	—	—	1.85	-0.49	-0.44	-1.07	-0.17	0.94	0.35	0.14
I 矿	0.13	-0.82	-0.18	0.32	-0.28	0.01	1.96	-0.31	0.41	-0.04	0.12
J 矿	—	—	—	0.79	-0.53	-0.78	-0.13	-0.39	-0.04	-0.18

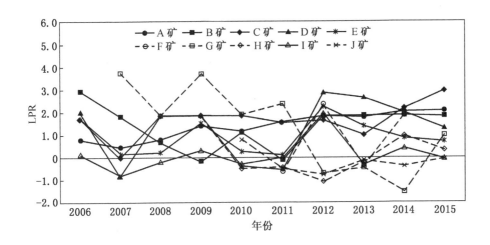

图 6 - 18 2006—2015 年各矿山 LPR 演化曲线

从图 6 - 18 可知，2006—2015 年各露天煤矿的 LPR 值区别较大，每矿逐年的 LPR 值也变化明显，且呈不规则状。说明各露天煤矿排土场复垦的面积和效果各不相同，且通过分析具体某矿逐年 LPR 值，可说明该矿在不同某时间段内损毁土地面积、复垦土地面积及效果完全不同。

A 矿和 C 矿的 LPR 均值处于领先水平，C 矿最优，为 1. 65。主要是因为它们属于开采多年的露天煤矿，复垦损毁土地时积累了较多的复垦经验，复垦后的效果较好，在复垦的同时还充分利用表层土壤进行表土回覆，在保证复垦面积的同时还直接提高了土地的生产力，从而使得露天煤矿田范围内的土地总生产能力逐渐增加，露天煤矿复垦改善了矿区土地的原始状况，复垦的效果很好，矿区土地状况整体向好，复垦后的土地对外部空间环境造成的正向扰动效应较强。

J 矿的 LPR 均值相对最小，为 - 0. 18。主要是因为该矿受区域生境环境和气候的影响，排土场复垦效果不好，其复垦后的土地生产力较低，也无法大面积生长植被，从而使该露天煤矿田范围内土地总生产能力在逐渐降低，露天煤矿开采过程中破坏了矿区土地的原始状况，复垦的效果较差，矿区土地状况正在逐渐变差，复垦后的土地对外部空间环境造成的正向扰动效应很弱。

6.3.5 电能比重系数（EER）

2006—2015 年各矿山 EER 演化值见表 6 - 20，演化曲线如图 6 - 19 所示。

表6-20 2006—2015年各矿山EER演化值

	2006	2007	2008	2009	2010	2011	2012	2013	2014	2015	均值
A矿	0.83	0.83	0.83	0.83	0.82	0.81	0.81	0.81	0.81	0.81	0.82
B矿	1.62	1.62	1.84	1.76	1.71	1.71	1.71	1.71	1.71	1.71	1.71
C矿	1.46	1.76	1.76	1.76	1.76	1.76	1.76	1.76	1.76	1.76	1.73
D矿	0.79	0.79	0.79	0.79	0.79	0.79	0.79	0.79	0.79	0.79	0.79
E矿	0.73	0.73	0.73	0.73	0.73	0.73	0.73	0.73	0.73	0.73	0.73
F矿	—	—	—	—	—	0.72	0.72	0.72	0.72	0.72	0.72
G矿	—	0.75	0.75	0.75	0.75	0.75	0.78	0.73	0.73	0.73	0.75
H矿	—	—	—	0.94	0.94	0.94	0.94	1.03	0.89	0.90	0.94
I矿	0.78	0.78	0.78	0.78	0.80	0.80	0.80	0.77	0.79	0.80	0.79
J矿	—	—	—	—	0.78	0.77	0.75	0.74	0.73	0.74	0.75

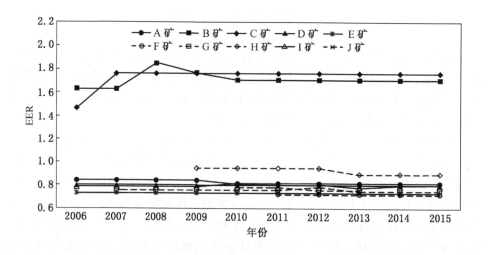

图6-19 2006—2015年各矿山EER演化曲线

从图6-19可知，2006—2015年各露天煤矿的EER值变化不大，表明2006—2015年各露天煤矿电能在露天煤矿总能耗中所占的比重变化不大，用电设备和用油设备配备的比例变化不大，即各露天煤矿开采工艺和生产系统等的清洁程度和绿色程度变化不大。

C矿和B矿的EER均值处于领先水平，C矿最优，为1.73。主要是因为C矿采用综合开采工艺，即第四系采用轮斗挖掘机—带式输送机—排土机连续开采工艺，煤、岩采用单斗挖掘机—卡车—坑内半移动破碎站—带式输送机半连续开采工艺；B 矿剥离为单斗—卡车开采工艺，采煤为单斗自移式破碎机—带式输送机半连续开采工艺为主，单斗—卡车—破碎机—带式输送机半连续开采工艺为辅。连续、半连续开采工艺均以电为动力，物料运输最大限度地采用带式输送机输送，尽可能地减少卡车运量、运距，实现了"以电代油"的绿色开采，使 C 矿和 B 矿在 2006—2015 年开采过程中电能消耗所占的比重较大，露天开采对外部空间环境造成的正向扰动效应较强。

F 矿的 EER 均值相对最小，为 0.72。主要是因为该矿坑下煤、岩均采用单斗—卡车间断开采工艺，消耗燃油量比较大，导致 C 矿和 B 矿在 2006—2015 年开采过程中电能消耗所占的比重较小，露天开采对外部空间环境造成的正向扰动效应较弱。

A 矿的 EER 均值也处于较为领先的水平，均值为 0.82。主要是因为该矿采用综合开采工艺，即第四系采用轮斗挖掘机—带式输送机—排土机连续开采工艺和抛掷爆破—吊斗铲倒堆开采工艺，煤采用单斗挖掘机—卡车—地面半移动破碎站—带式输送机半连续开采工艺，各开采工艺中的采、运、排设备的动力以电为主，物料运输最大限度地采用带式输送机输送，尽可能地减少卡车运量、运距，使该矿在 2006—2015 年开采过程中电能消耗所占的比重较大，露天开采对外部空间环境造成的正向扰动效应较强。

6.3.6 内排采空区面积指数（MGAI）

2006—2015 年各矿山 MGAI 演化值见表 6-21，演化曲线如图 6-20 所示。

表 6-21 2006—2015 年各矿山 MGAI 演化值

	2006	2007	2008	2009	2010	2011	2012	2013	2014	2015	均值
A 矿	0.78	0.96	1.09	1.19	1.26	1.18	1.12	1.06	1.01	0.97	1.06
B 矿	0.47	0.52	0.61	0.73	0.82	0.92	1.00	1.04	1.09	1.11	0.83
C 矿	0.79	0.81	0.83	0.84	0.86	0.84	0.83	0.82	0.81	0.80	0.82
D 矿	1.60	1.55	1.50	1.46	1.43	1.43	1.42	1.42	1.41	1.41	1.46
E 矿	1.55	1.51	1.46	1.41	1.39	1.39	1.38	1.37	1.37	1.36	1.38
F 矿	—	—	—	—	—	0.92	0.89	0.87	0.86	0.85	0.88
G 矿	—	0.89	1.02	1.08	1.11	1.04	0.99	0.95	0.92	0.90	0.99
H 矿	—	—	—	0.86	0.86	0.78	0.70	0.62	0.58	0.58	0.71
I 矿	0.63	0.64	0.65	0.66	0.67	0.72	0.73	0.78	0.84	0.94	0.73
J 矿	—	—	—	—	0.88	0.90	0.91	0.93	0.94	0.94	0.92

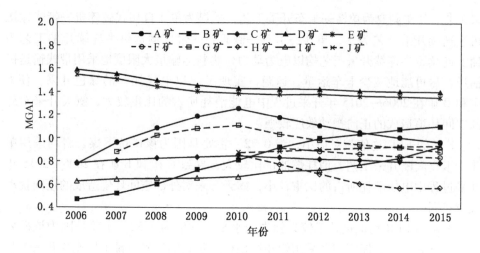

图 6 - 20　2006—2015 年各矿山 MGAI 演化曲线

从图 6 - 20 可知，2006—2015 年各露天煤矿的 MGAI 呈现波动变化，方向性不一致，表明 2006—2015 年各露天煤矿内排土场工作帮与采掘场工作帮之间的协调跟进程度不尽相同。

D 矿和 E 矿的 MGAI 均值处于领先水平，D 矿最优，为 1.46。主要是因为 D 矿和 E 矿属于同一煤田，煤层赋存条件较为相似，露天煤矿第四系较薄，采掘场工作帮坡角较大，开采深度较小，内排开始较早且内排工作帮坡角较大，使该矿在 2006—2015 年开采过程中扰动的范围较小，挖损恢复的及时性较好，露天开采对外部空间环境造成的正向扰动效应较强。

H 矿的 MGAI 均值相对最小，为 0.71，且该矿的 MGAI 值由 2012 年的 0.7 突然下降到 2014 年的 0.58。主要是因为该矿第四系较厚，采掘场工作帮坡角较小，开采深度较大，内排开始的较晚，最主要的是 2012—2013 年该矿采掘场南端帮出现了较大的滑坡，虽然 2013 年已经开始清理滑坡体，但剩余滑坡体还是加大了露天煤矿南端帮的最终帮坡角，导致 2006—2015 年尤其是 2013—2015 年该矿开采过程中扰动的范围较大，挖损恢复的及时性较差，露天开采对外部空间环境造成的正向扰动效应较弱。

A 矿的 MGAI 均值仅次于 D 矿和 E 矿，也处于较为领先的水平，为 1.06。主要是因为该矿煤层埋藏较浅，开采深度较小；最下部煤台阶采用端帮靠帮开采技术，在提高资源回收率和降低剥离量的同时，也增大了采掘场最终帮坡角，增大了采掘场深部境界面积；该矿采用综合开采工艺，即第四系采用轮斗挖掘机—带式输送机—排土机连续开采工艺（2014 年以前），煤层顶板以上平均厚度 45 m

岩石采用抛掷爆破—吊斗铲倒堆开采工艺（2010年以后），煤采用单斗挖掘机—卡车—半移动破碎站—带式输送机半连续开采工艺，部分组合台阶增大了工作帮坡角；该矿2005年剥离物开始内排，2009年实现剥离物完全内排，内排土场跟进情况较好，内排工作帮坡角较大。以上因素最终使该矿在2006—2015年开采过程中扰动的范围较小，挖损恢复的及时性较好，露天开采对外部空间环境造成的正向扰动效应较强。

6.3.7 粉尘收集率（DCR）

2006—2015年各矿山DCR演化值见表6-22，演化曲线如图6-21所示。

表6-22 2006—2015年各矿山DCR演化值

	2006	2007	2008	2009	2010	2011	2012	2013	2014	2015	均值
A矿	1.020	1.020	1.010	1.010	1.010	1.010	1.010	1.010	1.010	1.010	1.012
B矿	1.004	1.004	1.004	1.004	1.004	1.004	1.004	1.004	1.004	1.004	1.004
C矿	0.997	0.997	0.997	0.997	0.997	0.997	0.997	0.997	0.997	0.997	0.997
D矿	1.002	1.002	1.002	1.002	1.002	1.002	1.002	1.002	1.002	1.002	1.002
E矿	0.994	0.994	0.994	0.994	0.994	0.994	0.994	0.994	0.994	0.994	0.994
F矿	—	—	—	—	—	1.004	1.004	1.004	1.004	1.004	1.004
G矿	1.004	1.004	0.999	0.999	0.999	0.999	0.999	0.999	0.999	0.999	1.000
H矿	—	—	—	1.003	1.003	1.003	1.003	1.003	1.003	1.003	1.003
I矿	0.999	0.999	0.999	0.999	0.999	0.999	0.999	0.999	0.999	0.999	0.999
J矿	—	—	—	—	0.980	0.980	0.980	0.980	0.980	0.980	0.980

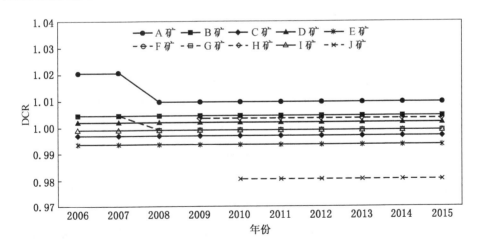

图6-21 2006—2015年各矿山DCR演化曲线

从图 6 - 21 可知，2006—2015 年各露天煤矿的各矿之间的 DCR 值各不相同，但差距较小；每矿逐年的 DCR 值基本无变化，仅有 A 矿和 G 矿发生变化，且其变化值也非常小。说明各露天煤矿在开采过程中对粉尘进行综合治理的程度略有区别，但区别极小。

A 矿的 DCR 均值最优，为 1.012。主要是因为该矿已连续开采多年，已总结出一套高效且实施效果好的露天煤矿洒水降尘措施及方案，其洒水降尘重点针对采掘场、排土场、破碎站、储煤场等主要产尘节点，从而使该露天煤矿开采过程中的粉尘治理措施对外部空间环境带来的正向扰动效应较强。

J 矿的 DCR 均值相对最小，为 0.980。主要是因为该矿受区域环境和气候的影响，区域属于严重缺水地区，仅有少量的水资源用于洒水降尘措施，且该区风沙也较大，表层结皮土被破坏后，更诱发了粉尘的排放，同时对粉尘的治理措施也有限，从而使该露天煤矿开采过程中的粉尘治理措施对外部空间环境带来的正向扰动效应最弱。

6.3.8 "三废"处理率（PTR）

2006—2015 年各矿山 PTR 演化值见表 6 - 23，演化曲线如图 6 - 22 所示。

表 6 - 23　2006—2015 年各矿山 PTR 演化值

	2006	2007	2008	2009	2010	2011	2012	2013	2014	2015	均值
A 矿	1.002	1.002	1.002	1.002	1.002	1.001	1.001	1.001	1.001	1.001	1.001
B 矿	1.002	1.002	1.002	1.002	1.002	1.002	1.002	1.002	1.002	1.002	1.002
C 矿	0.998	0.998	0.998	0.998	0.998	0.998	0.998	0.998	0.998	0.998	0.998
D 矿	1.000	1.000	1.000	1.000	1.000	1.000	1.000	1.000	1.000	1.000	1.000
E 矿	1.000	1.000	1.000	1.000	1.000	1.000	1.000	1.000	1.000	1.000	1.000
F 矿	—	—	—	—		1.000	1.000	1.000	1.000	1.000	1.000
G 矿	0.996	0.996	0.996	0.996	0.996	0.996	0.996	0.996	0.996	0.996	0.998
H 矿	—	—	—	1.000	1.000	1.000	1.000	1.000	1.000	1.000	1.000
I 矿	0.996	0.996	0.996	0.996	0.996	0.996	0.996	0.996	0.996	0.996	0.996
J 矿	—	—	—		0.991	0.991	0.991	0.991	0.991	0.991	0.991

从图 6 - 22 可知，2006—2015 年各露天煤矿的各矿之间的 PTR 值各不相同，但差距较小；每矿逐年的 PTR 值基本无变化，仅有 A 矿和 G 矿发生变化，且其变化值也非常小。说明各露天煤矿在开采过程中对废气、废水、固体废弃物的处理程度略有区别，但区别极小。

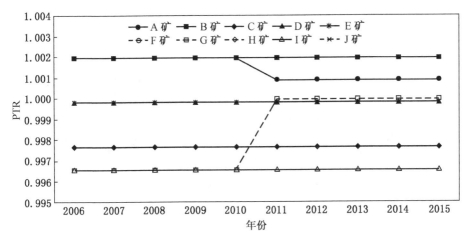

图 6 - 22 2006—2015 年各矿山 PTR 演化曲线

A 矿和 B 矿的 PTR 均值处于领先水平，B 矿最优，为 1.002。主要是因为该矿已连续开采多年，对在露天煤矿开采过程中的"三废"（废气、废水、固体废弃物）处理总结了一套行之有效的好办法，从而使该露天煤矿开采过程中的"三废"处理的有效性对外部空间环境带来的正向扰动效应较强。

J 矿的 PTR 均值相对最小，为 0.991。主要是因为该矿所处的特殊区域，造成实施"三废"处理较为困难，从而导致 PTR 均值最低，使该露天煤矿开采过程中的"三废"处理的有效性对外部空间环境带来的正向扰动效应最弱。

6.3.9 采复一体化指数（MRII）

2006—2015 年各矿山 MRII 演化值见表 6 - 24，演化曲线如图 6 - 23 所示。

表 6 - 24 2006—2015 年各矿山 MRII 演化值

	2006	2007	2008	2009	2010	2011	2012	2013	2014	2015	均值
A 矿	0.67	0.94	0.95	0.79	0.82	1.00	0.92	1.25	1.35	1.46	1.02
B 矿	0.75	0.95	0.81	0.56	0.46	1.20	1.07	1.33	1.67	1.56	1.04
C 矿	0.76	-0.01	-0.09	0.53	0.76	0.62	1.67	0.83	1.59	1.69	0.84
D 矿	1.00	0.26	0.98	0.54	0.18	0.46	1.42	1.53	1.67	1.31	0.94
E 矿	0.08	0.21	0.12	0.25	-0.25	0.69	0.44	0.59	-0.11	-0.22	0.20
F 矿	—	—	—	—	—	-0.26	0.03	0.10	1.31	1.49	0.53
G 矿	—	1.33	1.18	0.89	0.84	0.51	1.18	0.22	0.59	0.36	0.79
H 矿	—	—	—	0.91	0.60	0.27	-0.22	-0.17	0.35	0.24	0.28
I 矿	0.21	0.89	0.69	1.14	0.23	0.01	0.07	0.70	0.36	0.91	0.52
J 矿	—	—	—	—	-0.05	-0.28	-0.02	0.16	0.05	0.02	-0.02

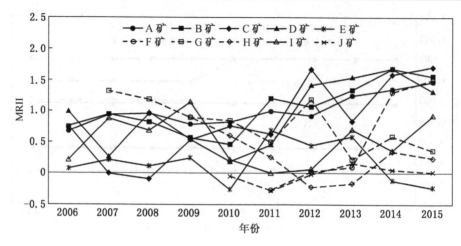

图 6-23　2006—2015 年各矿山 MRII 演化曲线

从图 6-23 可知，2006—2015 年各露天煤矿的 MRII 值区别较大，每矿逐年的 MRII 值也变化明显，且呈不规则状，说明各露天煤矿复垦工程与采矿工程的同步发展各不相同；通过分析具体某矿逐年 MRII 值，可说明该矿在不同某时间段内复垦土地增加面积和损毁土地增加面积同步发展差别较大。

A 矿和 B 矿的 MRII 均值处于领先水平，B 矿最优，为 1.04。主要是因为它们属于开采多年的露天煤矿，矿山多年的复垦工作总结出了较好的复垦计划，对排土场复垦较为及时。在选取的时间段内，总的是露天煤矿复垦增加的面积大于排土场增加的面积，露天煤矿采复工程的同步发展对外部空间环境造成的正向扰动效应较强。

J 矿的 MRII 均值相对最小，为 -0.02。主要是因为该矿受区域环境限制，排土场复垦形式单一，进度缓慢，露天煤矿复垦很不及时，露天煤矿复垦与采矿工程的发展不同步，滞后于采矿工程的发展，对外部空间环境造成的正向扰动效应极弱。

6.4　中国典型露天煤矿 2006—2015 年开采扰动指数

2006—2015 年各矿山 SMDI 演化值见表 6-25，演化曲线如图 6-24 所示。

表 6-25　2006—2015 年各矿山 SMDI 演化值

	2006	2007	2008	2009	2010	2011	2012	2013	2014	2015	均值
A 矿	28.0	24.3	25.6	26.9	31.0	41.8	45.7	47.6	52.5	56.7	38.0
B 矿	28.9	28.0	16.9	15.4	34.8	23.7	41.0	43.7	46.2	47.9	32.7
C 矿	-36.9	-42.0	-27.7	-23.6	-19.1	-19.5	-10.9	-15.3	-0.4	7.7	-18.8

表 6-25（续）

	2006	2007	2008	2009	2010	2011	2012	2013	2014	2015	均值
D 矿	-21.0	-41.4	-9.6	-12.6	-30.7	-26.3	7.1	6.6	3.1	-3.0	-12.8
E 矿	-77.1	-56.1	-33.5	-13.3	-18.4	-9.0	6.0	-3.5	-4.0	-7.8	-7.1
F 矿	—	—	—	—	—	-98.0	-39.3	-42.4	-20.0	-16.7	-43.3
G 矿	—	7.1	5.6	20.5	13.5	21.7	1.4	-4.3	-7.2	7.0	7.3
H 矿	—	—	—	-37.6	-17.3	-16.4	-28.2	-22.5	-74.2	-79.2	-39.3
I 矿	-0.7	-5.1	-3.9	8.1	4.2	12.0	28.2	16.8	21.1	21.4	10.2
J 矿	—	—	—	—	-79.3	-49.3	-39.8	-13.0	-12.6	-6.9	-33.5

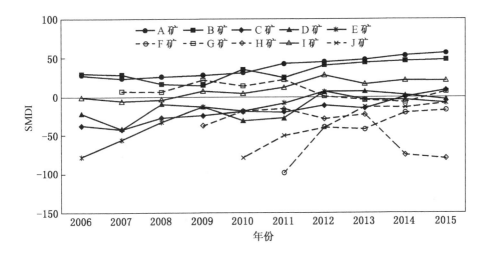

图 6-24 2006—2015 年各矿山 SMDI 演化曲线

从图 6-24 可知，2006—2015 年各露天煤矿 SMDI 值呈现波动变化。A 矿的 SMDI 值处于领先水平，均为正值，且逐渐增大，表明 2006—2015 年该矿的开采活动对其外部环境的扰动效应均为正向扰动，露天煤矿积极改善了矿区的外部环境要素状况，使露天煤矿向着绿色、高效、协调、可持续的方向发展。

F 矿的 SMDI 值最小，均为负值，表明 2009—2015 年该矿的开采活动对其外部环境的扰动效应均为负向扰动，露天煤矿正在使矿区的外部环境要素状况逐步恶化，不符合绿色、高效开采的基本要求，其发展是不可持续的，应采取有效的扰动补偿措施。

2006—2015 年各矿山 SMDI 指标累计演化值见表 6-26，累计演化曲线如图 6-25 所示。

表6-26　2006—2015年各矿山SMDI指标累计演化值

	2006	2007	2008	2009	2010	2011	2012	2013	2014	2015
A矿	28.0	52.2	77.8	104.7	135.7	177.5	223.3	270.9	323.4	380.1
B矿	28.9	56.9	73.9	89.3	124.1	147.9	188.9	232.6	278.8	326.7
C矿	-36.9	-79.0	-106.6	-130.2	-149.3	-168.8	-179.7	-195.0	-195.4	-187.7
D矿	-21.0	-62.4	-72.0	-84.6	-115.2	-141.6	-134.5	-127.9	-124.8	-127.8
E矿	-77.1	-133.2	-166.7	-180.1	-198.4	-207.5	-201.5	-204.9	-208.9	-216.7
F矿	—	—	—	—	—	-98.0	-137.3	-179.7	-199.7	-216.4
G矿	—	7.1	12.7	33.2	46.8	68.4	69.9	65.5	58.4	65.4
H矿	—	—	—	-37.6	-55.0	-71.3	-99.6	-122.0	-196.2	-275.4
I矿	-0.7	-5.8	-9.7	-1.6	2.7	14.6	42.9	59.6	80.7	102.1
J矿	—	—	—	—	-79.3	-128.6	-168.4	-181.3	-193.9	-200.7

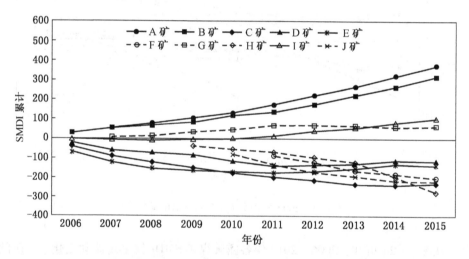

图6-25　2006—2015年各矿山SMDI累计演化曲线

从图6-25可知，各矿SMDI的变化率差异明显，除E矿、F矿、H矿和J矿SMDI累计值大体表现为逐年减小外，其余各矿的SMDI累计值均呈现逐年增大或先减小后增大的趋势，表明2006—2015年E矿、F矿、H矿和J矿的开采活动对其外部环境的累计扰动效均为负向扰动，这些露天煤矿正在使矿区的外部环境要素状况逐步恶化，不符合绿色、高效开采的基本要求。除E矿、F矿、H矿和J矿之外，其余各矿的开采活动对其外部环境的累计扰动效应均为或逐渐变为正向扰动，这些露天煤矿的绿色、高效开采程度正在逐步加强，扰动效应演化趋势稳步向好。

6.5 2006—2015 年开采扰动效应反演分析

我国 10 个典型露天煤矿 2006—2015 年的开采扰动效应演化过程研究表明，受各矿的开采条件、开采工艺及装备水平和生产管理水平等因素影响，各露天煤矿的开采扰动效应及演化过程差异较大。通过对比各矿 SMDI 逐年平均值和 SMDI 逐年累计值，发现准格尔矿区黑、哈露天煤矿（即 A 矿）计算结果值均优于其他露天煤矿，说明 A 矿在露天煤矿开采扰动效应方面处于领先水平，也同时表明其绿色、高效开采的水平处于行业领先地位。

1. 黑岱沟、哈尔乌素露天煤矿协调开采技术

黑岱沟露天煤矿和哈尔乌素露天煤矿为同一矿区的相邻露天煤矿，两矿工作线推进方向相同，哈尔乌素露天煤矿采煤工作线超前黑岱沟露天煤矿约 1.2 km。两采区在生产中工作线形态已经形成并将继续保持"一前一后、追踪开采"的方式，即采用"Z"形工作线追踪开采，哈尔乌素在前，黑岱沟在后，中间利用"Z"形工作线的拐点位置建立中间排土桥服务于两矿剥离运输系统，使黑岱沟和哈尔乌素各自形成独立的双环内排运输系统，有效减小卡车运距，降低剥离运输成本。

两矿协调开采贯通了两矿内排土场，有效扩大和利用了内排空间，减小了外排土场产生的土地压占强度（LOI）；减小了剥离物外排强度（OBEDI），增大了内排量；缩短了土岩运距，减小了运输道路产生的粉尘排放强度（DEI）；增大粉尘收集率（DCR），减小了运输车辆产生的气体污染物当量排放强度（EAPEI）及能耗强度（EI）。贯通了两矿采掘场，最大限度地减小了开采端帮压煤的二次剥离量，减小了剥采比，减小了矿岩采剥强度（OBRI），避免了相邻端帮煤炭自燃的隐患，减少了煤炭自燃产生的气体污染物当量排放强度（EAPEI），消除了相邻端帮滑坡地质灾害，一定程度上提高了该区域的生态环境状况指数值（EEI）。

2. 黑岱沟露天煤矿陡帮开采技术

黑岱沟露天煤矿采用综合开采工艺，即第四系采用轮斗挖掘机—带式输送机—排土机连续开采工艺（2014 年以前），煤层顶板以上平均厚度 45 m 岩石采用抛掷爆破—吊斗铲倒堆开采工艺（2010 年以后），煤采用单斗挖掘机—卡车—半移动破碎站—带式输送机半连续开采工艺，连续和半连续工艺部分采用组合台阶的陡帮开采方式。

黑岱沟露天煤矿陡帮开采增大了工作帮坡角，推迟了部分地表挖损发生的时间，减少了土地挖损强度（LEI）、矿岩采剥强度（OBRI），增大了土地挖损恢

复率（EIRR）、内排采空区面积指数（MGAI）和生态环境状况指数（EEI）；减
小了生产剥采比，缩短了运距；减小了采场及运输道路产生的粉尘排放强度
（DEI），增大了粉尘收集率（DCR）；减小了运输车辆产生的气体污染物当量排
放强度（EAPEI）及能耗强度（EI）；一定程度上减少了运输设备运输时产生的
噪声与震动；可以在一定程度上保护周边的地表水和地下水资源，控制水土流失
和土地沙化，减小单位时间内的坑下排水强度（PDI）。

3. 哈尔乌素露天煤矿端帮靠帮开采技术

哈尔乌素露天煤矿采用端帮靠帮开采技术，即端帮最下部煤层以上的边坡不
动，从最下部煤层的顶板开始不留平盘，紧靠端帮开采，在保证露天煤矿边坡安
全和正常生产的情况下最大限度地开采煤炭资源，增大最终帮坡角，减小剥采
比，降低剥离量。

哈尔乌素露天煤矿端帮靠帮开采增大了工作帮坡角，减少了土地挖损强度
（LEI）、降低了矿岩采剥强度（OBRI），增大了土地挖损恢复率（EIRR）和内
排采空区面积指数（MGAI），增大了内排空间，缩短了运距，减小了采场及运
输道路产生的粉尘排放强度（DEI），增大了粉尘收集率（DCR），减小了运输车
辆产生的气体污染物当量排放强度（EAPEI）及能耗强度（EI），一定程度上减
少了运输设备运输时产生的噪声与震动，减少了外排土场土地压占强度（LOI），
减少了剥离物外排强度（OBEDI），一定程度上提高了该区域的生态环境状况指
数值（EEI），在一定程度上保护周边的地表水和地下水资源，控制水土流失和
土地沙化，减小单位时间内的坑下排水强度（PDI）。

4. 哈尔乌素露天煤矿内排搭桥技术

哈尔乌素露天煤矿端帮采用靠帮开采技术，最下部煤层顶板不留运输平盘，
截断了最下部剥离物的双环运输系统。为了缩短卡车工作面走行距离和端帮绕行
运距，哈尔乌素露天煤矿采用内排搭桥技术，即在采场下部横跨采空区建立中部
临时排土桥，为平衡排土桥两侧卡车排土运距，将排土桥初始布置位置选择在采
场工作线中部，桥面水平为从 6 煤顶板至内排土场 +995 m 排土平台，桥体长度
280 m，桥面宽度为 50 m，满足开采双向单车道排土运输要求，以减小非工作帮
扩帮量，提高矿山的经济效益。

哈尔乌素露天煤矿内排搭桥技术减少了土岩绕端帮时的运输距离，一定程度
上减少了运输设备运输时产生的噪声与震动，减小了运输道路产生的粉尘排放强
度（DEI），增大了粉尘收集率（DCR），减小了运输车辆产生的气体污染物当量
排放强度（EAPEI）及能耗强度（EI）。

5. 黑岱沟、哈尔乌素露天煤矿采复一体化技术

准格尔矿区黑岱沟、哈尔乌素露天煤矿采用露天煤矿采复一体化技术，即在

矿山开采的过程中使排土与复垦同时进行，不仅恢复了土地的使用价值，而且使得恢复的场所能够保持环境的优美和生态系统的稳定，实现经济与生态环境的协调发展。

黑岱沟、哈尔乌素露天煤矿复垦种植的植被可以防风固沙，减少了排土场剥离物的裸露时间，减小了排土场产生的粉尘排放强度（DEI），增大了粉尘收集率（DCR），增大生态环境状况指数（EEI），增加土地压占复垦率（OLRR），若复垦后的土地的利用等级及经济效益高于开采以前的土地，则会增大土地生产力。

6. 黑岱沟露天煤矿开采工艺及装备技术

黑岱沟露天煤矿采用综合开采工艺，即第四系采用轮斗挖掘机—带式输送机—排土机连续开采工艺（2014 年以前），煤层顶板以上平均厚度 45 m 岩石采用抛掷爆破—吊斗铲倒堆开采工艺（2010 年以后），煤采用单斗挖掘机—卡车—半移动破碎站—带式输送机半连续开采工艺。

黑岱沟露天煤矿运输设备大型化、采用胶带连续运输以及采用无运输倒堆工艺，尽量减少卡车运输环节，一定程度上减少了卡车运输时产生的噪声与震动，减小了运输道路产生的粉尘排放强度（DEI），增大了粉尘收集率（DCR），减小了运输车辆产生的气体污染物当量排放强度（EAPEI）及能耗强度（EI）。

7　发展前景与工作展望

7.1　露天煤矿开采扰动效应理论发展前景

露天煤矿开采过程必然会对周边的环境与生态造成一定程度的扰动（重建或破坏），从现实和长远的意义上寻求露天开采与外部环境的和谐共存是实现煤炭科学开采的目标之一。如何实现绿色开采，以最大限度地减少露天开采对生态环境的影响，是确保露天煤矿可持续发展的有效途径。目前，国内外对露天煤矿开采扰动补偿的研究主要侧重于开采之后的治理上，与露天开采技术的关联性不强，导致部分研究成果目前尚无法在实际技术决策中得到广泛应用。本书提出以露天开采扰动效应指标作为评价一个露天煤矿的开采活动对生态环境影响的综合指标，具有重要的理论价值和实际意义。

露天煤矿开采扰动效应理论的本质是从广义的角度来认识和表征露天采矿活动与矿山周边要素之间的耦合效应，并通过系列评价指标予以量化。露天煤矿开采扰动效应评价理论是按照采矿工程时空发展顺序，采取科学、合理的绿色开采技术，运用露天开采技术从根本上去补偿开采扰动的负向效应，是一种相对完整的、能够综合评价露天煤矿开采对外部要素扰动强弱的评价理论。该理论的研究目前尚处于起步阶段，本书仅研究了露天开采对露天煤矿外部的自然环境要素和生态环境要素的扰动效应，在评价指标体系构建及量化模型中并未考虑矿山周边的经济环境要素和社会环境要素。所以，本书构建的评价指标体系和评价模型并不完整，还需进一步完善方可使评价结果更具科学性。

7.2　今后的工作展望

基于本研究已经取得的成果和尚存在的不足之处，下一步的研究工作将主要致力于以下几个方面，也供同行借鉴参考。

1. 进一步调研和收集更多数量、更多类型的国内外露天煤矿数据和资料，通过大量的实证研究工作以确定更加科学合理的露天煤矿开采扰动效应评价等级标准，为该评价理论及评价方法的完善和推广应用奠定基础。

2. 将矿区周边经济系统及社会系统纳入到评价体系之中，进行全时空框架下露天煤矿开采扰动效应评价理论的研究，丰富 SMDI 指数的经济及社会内涵，使其真正成为表征露天煤矿开采对外部要素扰动效应强弱的"综合性指标"。

3. 深入研究露天煤矿绿色开采技术与扰动效应之间的耦合关系，根据 SMDI 的技术、经济、环境和社会等多重属性，以 SMDI 最大为目标函数建立露天煤矿绿色开采技术决策支持系统，为露天煤矿绿色开发提供基础支撑。

附录　准格尔矿区黑、哈露天煤矿 2005—2016 年数据影像图

附图 1　准格尔矿区黑、哈露天煤矿 2005 年数据影像图

附图 2　准格尔矿区黑、哈露天煤矿 2006 年数据影像图

附图3　准格尔矿区黑、哈露天煤矿2007年数据影像图

附图 4　准格尔矿区黑、哈露天煤矿 2008 年数据影像图

附图5　准格尔矿区黑、哈露天煤矿2009年数据影像图

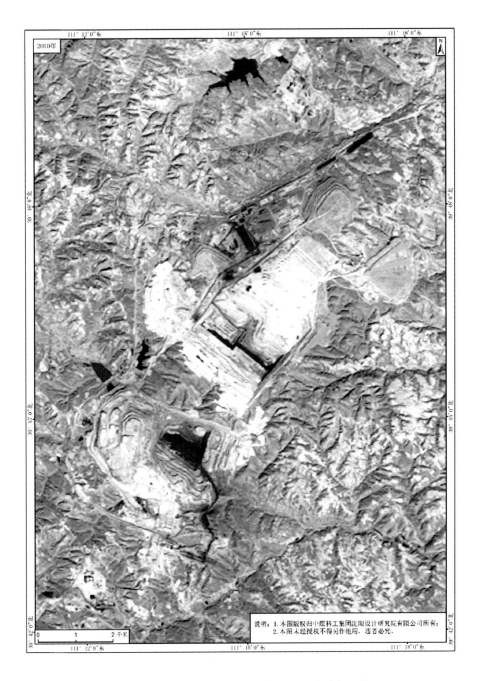

说明：1.本图版权归中煤科工集团沈阳设计研究院有限公司所有；
　　　2.本图未经授权不得另作他用，违者必究。

附图 6　准格尔矿区黑、哈露天煤矿 2010 年数据影像图

附图 7　准格尔矿区黑、哈露天煤矿 2011 年数据影像图

附图8　准格尔矿区黑、哈露天煤矿2012年数据影像图

附图 9　准格尔矿区黑、哈露天煤矿 2013 年数据影像图

附图10　准格尔矿区黑、哈露天煤矿 2014 年数据影像图

说明：1. 本图版权归中煤科工集团沈阳设计研究院有限公司所有；
2. 本图未经授权不得另作他用，违者必究。

附图 11　准格尔矿区黑、哈露天煤矿 2015 年数据影像图

附图 12 准格尔矿区黑、哈露天煤矿 2016 年数据影像图

参 考 文 献

[1] 中国煤炭工业协会煤炭工业技术委员会，中国煤炭学会露天开采专业委员会，煤炭工业规划设计研究院有限公司. 中国露天煤炭事业百年发展报告（1914—2013）[M]. 北京：煤炭工业出版社，2014.

[2] 张雷. 矿产资源开发与国家工业化 [M]. 北京：商务印书馆，2004.

[3] 武强. 矿山环境研究理论与实践 [M]. 北京：地质出版社，2005.

[4] 周昌寿，杜竞中，郭增寿，等. 露天矿边坡稳定 [M]. 中国矿业大学出版社，1990.

[5] 于汝绥，张瑞新，王宝庭，等. 露天矿优化理论与实践 [M]. 北京：煤炭工业出版社，2005.

[6] 杨荣新. 露天采矿学（上、下册）[M]. 徐州：中国矿业大学出版社，1990.

[7] 王青，任凤玉. 采矿学 [M]. 冶金工业出版社，2011.

[8] 蒋仲安. 矿山环境工程 [M]. 北京：冶金工业出版社，2012.

[9] 中煤科工集团沈阳设计研究院有限公司 GB 50197—2015 煤炭工业露天煤矿设计规范 [S]. 北京：中国计划出版社，2015.

[10] Hustrulid W, Kuchta M. Open pit mine planning and design [M]. Taylor & Francis, 2013.

[11] 都沁军. 我国矿产资源可持续开发利用战略对策 [J]. 中国人口资源与环境，2001，（2）：132 – 133.

[12] 肖松文，张泾生，曾北危. 产业生态系统与矿业可持续发展 [J]. 矿冶工程，2001，21（1）：4 – 6.

[13] 汤万金，吴刚. 矿区生态规划的思考 [J]. 应用生态学报，2000，11（4）：637 – 640.

[14] 尹德涛，南忠仁，金成洙. 矿区生态研究的现状及发展趋势 [J]. 地理科学，2004，24（2）：238 – 244.

[15] 王忠鑫，韩忠岐. 矿山"生态—经济"发展协调性动态监测预警模型的构建 [J]. 露天采矿技术，2011（2）：86 – 91.

[16] 钱鸣高. 绿色开采的概念与技术体系 [J]. 煤炭科技，2003（4）：1 – 3.

[17] 都沁军. 矿产资源开发环境压力研究的必要性 [J]. 石家庄经济学院学报，2007，30（6）：47 – 50.

[18] 王博，王晓光，付文林，等. 扎哈淖尔矿区环境治理 [J]. 露天采矿技术，2015（4）：69 – 71.

[19] 王忠鑫，赵丹丹. 戈壁背景环境下露天矿粉尘防治 [J]. 露天采矿技术，2015（5）：66 – 68.

[20] 金龙哲，朱吉茂，任志刚，等. 露天矿公路防冻抑尘剂的研究 [J]. 北京科技大学学报，2004，26（1）：4 – 6.

[21] 胡树军，李利，王远. 露天矿采场路面抑尘剂研制及性能表征 [J]. 金属矿山，2013，42（1）：129 – 133.

[22] 潘斌. 浅谈大型露天矿山治理粉尘措施 [J]. 铜业工程，2007（4）：1 – 3.

[23] 贺振伟，陈殿勇．安家岭露天矿噪声污染与防治 [J]．露天采矿技术，2001 (1)：58－59.

[24] 郭二果，蔡煜，闫文慧，等．露天煤矿声环境影响后评估——以胜利一号露天矿为例 [J]．环境与发展，2012 (1)：28－31.

[25] 白润才，白羽，刘光伟．浅谈露天煤矿环境问题及解决方法 [J]．露天采矿技术，2013 (2)：74－76.

[26] 郭昭华，连恺．黑岱沟露天煤矿生态综合整治工程初步研究与生态恢复进展 [J]．露天采煤技术，1996 (S1)：25－28.

[27] 张磊，才庆祥，彭竹．大型露天矿土地复垦和生态重建技术初探 [J]．露天采矿技术，2008 (3)：51－53.

[28] 卞正富，张国良．生物多样性指数在矿山土地复垦中的应用 [J]．煤炭学报，2000，25 (1)：76－80.

[29] 申广荣，白中科，王镁，等．土区大型露天煤矿土地复垦专家系统研究 [J]．煤矿环境保护，1997，11 (5)：76－80.

[30] 申广荣，白中科，王镁，等．基于 GIS 的露天矿土地复垦信息系统的建立 [J]．煤矿环境保护，2000，14 (5)：50－52.

[31] 才庆祥，马从安，韩可琦，等．露天煤矿生产与生态重建一体化系统模型 [J]．中国矿业大学学报，2002，31 (2)：162－165.

[32] 孙伟光，吴祥云，张丹梅．露天矿土地复垦综合预控研究 [J]．能源环境保护，2010，24 (2)：13－15.

[33] 杨海春，尚涛，周伟，等．准格尔矿区表土剥离与复垦一体化研究 [J]．煤炭技术，2010，29 (9)：67－69.

[34] 赵二夫，王炜．哈尔乌素露天煤矿土地复垦方案研究 [J]．露天采矿技术，2009 (4)：79－80.

[35] 王忠鑫．矿产资源开发的环境压力研究 [D]．沈阳：东北大学，2009.

[36] 都沁军，董腾云，冯兰刚．矿产资源开发环境压力的评价指标体系构建 [J]．统计与决策，2010 (10)：56－58.

[37] 顾晓薇，王忠鑫，冯民，等．矿区经济系统的生态可持续性动态分析 [J]．东北大学学报（自然科学版），2010，31 (12)：1777－1781.

[38] 王忠鑫，王航，王庆利．露天矿区可持续性综合评价的集对分析法 [J]．露天采矿技术，2010 (5)：55－58.

[39] 吴强．矿山环境代价定量评估探讨 [J]．中国矿业，2008，17 (5)：42－44.

[40] 石香江，李华，张超宇．资源开采环境代价核算理论方法及评价分区——以湖南省冷水江市为例 [J]．中国国土资源经济，2013 (8)：47－51.

[41] 李海东，沈渭寿，贾明，等．大型露天矿山生态破坏与环境污染损失的评估 [J]．南京林业大学学报自然科学版，2015 (6)：112－118.

[42] 李华，冯春涛，曾凌云，等．矿产资源开采环境代价核算初 [J]．现代矿业，2010，26 (8)：8－11.

[43] 钱鸣高，缪协兴，许家林. 资源与环境协调（绿色）开采及其技术体系 [J]. 采矿与安全工程学报，2006，23（1）：1-5.

[44] 赵浩，白润才. 露天煤矿绿色开采技术研究 [C]. 全国矿区环境综合治理与灾害防治技术研讨会，2011.

[45] 刘福明. 露天煤矿绿色开采工艺理论及其优选方法研究 [D]. 徐州：中国矿业大学，2015.

[46] 才庆祥. 我国亿吨露天煤矿群及露天煤矿绿色开采技术 [C]. 第七次煤炭科学技术大会文集（上册），北京：中国煤炭工业协会，2011：10.

[47] 车兆学，才庆祥. 露天煤矿内排时期下部水平开拓运输系统优化 [J]. 煤炭科学技术，2007，35（10）：33-37.

[48] 周伟，才庆祥，谢廷堃，等. 大型近水平露天煤矿转向期间开拓运输系统优化研究 [J]. 采矿与安全工程学报，2008，25（4）：404-408.

[49] 才庆祥，周伟，舒继森，等. 大型近水平露天煤矿端帮边坡时效性分析及应用 [J]. 中国矿业大学学报，2008，37（6）：740-744.

[50] 韩流，周伟，舒继森，等. 时效边坡下的端帮易滑区靠帮开采方法 [J]. 采矿与安全工程学报，2013，30（5）：756-760.

[51] 李崇，才庆祥，袁迎菊，等. 露天煤矿端帮"呆滞煤"回采技术经济评价 [J]. 采矿与安全工程学报，2011，28（2）：263-266.

[52] 高更君. 露天采矿——复垦一体化作业研究 [D]. 徐州：中国矿业大学，1999.

[53] Sharma D K, Sahara n M R. Evaluation of land use potential for quarrying area around Ramga njmandi（Kota, Rajasthan），India [J]. International Journal of Surface Mining, Reclamation and Environment，1996，10（1）：13-16.

[54] K Bellmann，RF HUttl，AD Bradshaw. Towards to a system analytical and modelling approach for integration of ecological, hydrological, economical and social components of disturbed regions. Landscape & Urban Planning，2000，51（2）：75-87.

[55] 丁立明. 露天煤矿复合煤层选采理论与方法研究 [D]. 徐州：中国矿业大学，2012.

[56] 王建国，王来贵，纪玉石，等. 大型露天煤矿绿色开采理论探讨 [J]. 露天采矿技术，2015，（1）：1-3.

[57] 张志，刘闯，薛应东，等. 相邻露天矿境界重叠区边帮压煤协调开采技 [J]. 煤炭科学技术，2013，41（9）：91-95.

[58] 郝全明，杨海杰，曹跃辉，等. 露天矿陡帮开采可行性研究 [J]. 科技应用，2012，5（5）：63-64.

[59] 王黎，杨博文，翟翔超. 组合台阶陡帮开采在露天矿开采中的应用 [J]. 中国新技术新产品，2013，（23）：31-32.

[60] 陈亚军，蔡文惠. 论实现多台阶的组合开采 [J]. 煤矿现代化，2006，（3）：14-15.

[61] 王勇. 胜利一号露天煤矿沿帮排土场增高扩容边坡稳定研究 [J]. 煤炭工程，2012，（10）：91-93.

［62］ 蔡利平，李钢，史文中．增地节地型露天矿排土场优化设计［J］．煤炭学报，2013，28
（12）：5 – 8.

［63］ 王俊．安太堡露天煤矿南寺沟排土场排土参数优化研究［J］．煤炭工程，2016，48
（6）：19 – 22.

［64］ 韩猛，纪玉石．控制开采技术在软岩边坡露天煤矿的实践［J］．露天采矿技术．2015，
（7）：7 – 9.

［65］ 周永利，罗怀廷．端帮陡帮开采技术在哈尔乌素露天煤矿的应用［J］．煤炭工程，
2015，48（3）：11 – 14.

［66］ 唐旭天．岩层及煤层厚度变化下露天煤矿端帮靠帮剥采比研究［J］．煤炭工程，2012，
（9）：4 – 8.

［67］ 黄甫，李克民，马力，等．基于靠帮开采的局部陡帮开采方式研究［J］．金属矿山，
2016，（8）：58 – 62.

［68］ 车兆学．安家岭露天煤矿内排开拓运输系统优化［J］．采矿与安全工程学报，2007，24
（4）：404 – 407.

［69］ 钮景付，杨飞，周伟，等．哈尔乌素露天矿内排期间下部开拓运输系统优化［J］．金属
矿山，2014，（7）：17 – 21.

［70］ 赵彦合，郑玉顺，范多水，等．迈步式搭桥内排运距及服务范围研究［J］．露天采矿技
术，2013，（3）：6 – 12.

［71］ 才庆祥，高更君，尚涛．露天矿剥离与土地复垦一体化作业优化研究［J］．煤炭学报，
2002，27（3）：276 – 280.

［72］ MAUK P K，SAHA S K. Oxidation of direct dyes with hydrogen peroxide using ferrous ion as
catalyst［J］. Separation and Purification Technology，2003，31（3）：241 – 250.

［73］ SABMKAI W，SEKINE M，TOKUMURA M，et al. UV light photo – Fenton degradation of
polyphones in oolong tea manufacturing wastewater［J］. Journal of Environmental Science and
Health，Part A，2014，49（2）：193 – 202.

［74］ XU L，WANG J. Magnetic nanoscaled Fe304/Ce02 composite as all efficient Fenton. 1ike het-
erogeneous catalyst for degradation of 4 – chlorophenol［J］. Environmental Science & Technol-
ogy，2012，46（18）：10145 – 10153.

［75］ 张智明，才庆祥，周伟，等．露天矿综合开采工艺前设计及可靠性影响因素分析［J］.
煤炭工程，2011，（11）：1 – 3.

［76］ 锺良俊．论金属露天矿工艺设备的选型与配套［J］．金属矿山，1985，（1）：5 – 8.

［77］ 姬长生．我国露天煤矿开采工艺发展状况综述［J］．采矿与安全工程学报，2008，25
（3）：297 – 300.

［78］ 王忠鑫，王烨欣．排土场综合优化若干关键问题及技术方向［J］．露天采矿技术，
2013，（2）：46 – 51.

［79］ Saaty TL. Modeling unstructured decision problems the theory of analytical hierarchies［J］.
Math Compute Simulation，1978，20：147 – 158.

［80］王忠鑫，李汇致. 基于层次分析法的露天矿首采区拉沟方案综合评价及优选模型［J］. 露天采矿技术，2011，（6）：30－33.

［81］王忠鑫，邓瑞杰，李慧智. 露天矿首采区及拉沟位置方案 OV－AHP 评价模型［J］. 煤炭工程，2012，（10）：80－84.

［82］舒坚. 采矿方法选择的层次分析模型及应用［J］. 矿冶工程，2003，（1）：8－11.

［83］郑晓明，邹汾生，李富平. 用层次分析法进行采矿方法模糊评价及优选［J］. 中国钨业，2004，19（6）：20－23.

［84］左军. 层次分析法中判断矩阵的间接给出法［J］. 系统工程，1988，10（6）：56－63.

［85］徐泽水. 层次分析法中构造判断矩阵的新方法［J］. 系统工程，1997，（增刊）：204－206.

［86］徐泽水. 层次分析新标度法［J］. 系统工程理论与实践，1998，18（10）：74－77.

［87］舒康，梁镇伟. AHP 中的指数标度［J］. 系统工程理论与实践，1990，10（1）：6－8.

［88］骆正清，杨善林. 层次分析法中几种标度的比较［J］. 系统工程理论与实践，2004，9（1）：51－60.

［89］Wackernagel M，Onisto t.，Bello P，et al. National natural capital accounting with the ecological footprint concept［J］. Ecological Economics，1999，29：375－390.

［90］陈宝谦. 正互反矩阵的一个特征值问题［J］. 高校应用数学学报，1991，6（1）：57－65.

［91］Ma Weiye etc. A Practical Approach to Modifying Pairwise Compariso n Matrices and Two Criteria of Modificatory Effectiveness［J］. Journal of Systems Science & Systems Engineering，1993，2（4）：334－338.

［92］刘万里，雷治军. 关于 AHP 中判断矩阵校正方法的研究［J］. 系统工程理论与实践，1997，17（6）：30－39.

［93］李梅霞. AHP 断矩阵一致性改进的一种新方法［J］. 系统工程理论与实践，2000，20（2）：122－125.

图书在版编目（CIP）数据

露天煤矿开采扰动效应/杨汉宏等编著 . −−北京：煤炭
工业出版社，2017

ISBN 978 − 7 − 5020 − 6084 − 8

Ⅰ.①露… Ⅱ.①杨… Ⅲ.①煤矿开采—露天开采—
扰动—评价 Ⅳ.①TD824

中国版本图书馆 CIP 数据核字（2017）第 211973 号

露天煤矿开采扰动效应

编　　著	杨汉宏　张铁毅　张　勇　翟正江
责任编辑	成联君
责任校对	尤　爽
封面设计	尚乃茹

出版发行　煤炭工业出版社（北京市朝阳区芍药居 35 号　100029）
电　　话　010 − 84657898（总编室）
　　　　　010 − 64018321（发行部）　010 − 84657880（读者服务部）
电子信箱　cciph612@ 126. com
网　　址　www. cciph. com. cn
印　　刷　北京建宏印刷有限公司
经　　销　全国新华书店

开　　本　710mm × 1000mm$^1/_{16}$　印张　$10^1/_2$　字数　191 千字
版　　次　2017 年 10 月第 1 版　2017 年 10 月第 1 次印刷
社内编号　8964　　　　　　　定价　30. 00 元

版权所有　违者必究

本书如有缺页、倒页、脱页等质量问题，本社负责调换，电话:010 − 84657880